シリーズ21世紀の農学

山の農学 ー「山の日」から考える

日本農学会編

養賢堂

目　次

はじめに …………………………………………………………………3

第1章　大学山岳部が農学研究に果たした役割 …………………………1

第2章　古地図から読み解く百年で移り変わる山の風景 ………………19

第3章　山を登る雑草
　　　　－白山国立公園の高山・亜高山帯に侵入したオオバコの影響と対策－ ………37

第4章　国立公園等の保護地域における登山，観光と自然保護 ………51

第5章　獣害対策から考える山との向き合い方 …………………………69

第6章　地方創生－里山活用における山羊の放飼事例－ ………………87

第7章　山の昆虫から農業への贈り物－里山の景観管理と生態系サービス－ ……113

第8章　日本の自然環境・生物多様性と調和した林業のあり方 ………131

あとがき …………………………………………………………………151

著者プロフィール ………………………………………………………153

はじめに

三輪 睿太郎
日本農学会会長

山の日が制定され，今年から国民の祝日になったのはまことに喜ばしい．

国土地理院によれば「山」とは周りに比べて地面が盛り上がって高くなっているところで，「山地」は地殻の突起部をいい，総括的な意味を持つものをいうのだそうだ．

丘陵は小起伏の低山性の山地でその一部ということである．標高や傾斜の基準はなく，自然の山として日本一低いのは弁天山（6.1m，徳島県徳島市）ということだから，「山」は私たちときわめて身近なものである．

農学は山と切っても切れない縁にある．

第一は林学が対象とする森林は，その多くが山に立地し，逆に山の植生の代表が森林だという関係にある．20世紀に入り植物生態学の基本的な理論体系である植物遷移学説がアメリカの F.E.Clements によって体系化された．彼の，"Plant succession"が出版されたのは 1916 年であるが，相前後して日本でも林学の泰斗，本多静六博士は森林の変化について実証的な研究を行っており，日本の森林帯論の原点である「日本森林植物帯論」を出版したのは 1912 年であった．「日本森林植物帯論」は日本の生態系の原理でもある．

第二に山自体が林業や畜産業の舞台であるだけでなく，そもそも日本の農地土壌全体が山の産物である．現代でも山の影響が直接見える黒ボク土，褐色森林土などは畑作，果樹作の主要な生産を担っている．

第三に私たちは歴史的に山の生態系サービスを受けてきた．戦後に至るまで多

（ 4 ）

くの人口を養うために里山などの生態系サービスをオーバーユースしてきた長い歴史がある．このオーバーユースは山の生態系に少なからぬ影響を与えた．以降，農業技術体系が機械化・化学化し，労働集約型から離脱するのに伴い現在では逆にアンダーユースが続くようになり，人手が入らないための里山の荒廃や野生鳥獣が新たな問題となるように変わった．同時に，人口や商業・製造業の減少による地方の衰退が顕著になり，山には観光などの別な意味での生態系サービスが期待されるようになった．

このように相互に影響しながら変化を続ける山を農学の視点で捉え，現代から将来にかけて，「私たちと山」を考えてみたい．

第 1 章
大学山岳部が農学研究に果たした役割

杉山　茂　静岡大学情報学部
竹田晋也　京都大学大学院アジア・アフリカ地域研究研究科

1.　はじめに

　本報告[1]の目的は，京都大学で活動する山岳部から，森林生態学や人類学，霊長類学などの学的世界において多くの異才が輩出した背景を，山岳部の活動に参加し歴史学を専攻した立場で考察した結果を示すことである．梅棹忠夫が指摘した「学問」や「山と探検」に収斂できない側面に注意を払いたい．考察の要点は，4点にわたる．第1に京都という武士の影響が小さかった都市生活者に見られた合理主義・平等主義が意識されたこと，第2に山岳部における活動はプログラムではなく，京都大学という「穴だらけ」のキャンパスに生まれた未来に向かって投げかけられたプロジェクトであったこと，第3に対等性に基づく学問的領域を超えたぶつかり合いが，長い時には数週間にわたる山行や部室（ルーム）での議論などで日常的に行われていたこと，そして最後に無類の読書好き・議論好きだったことを指摘する．

　本論に入る前に，山岳部が必ずしも卒部者に限らないインクルーシヴな集まりであること，また対象となる人びとが幼少期に，都市生活者であっても昆虫採集や魚取りなどいきものと日常的に接触していたことが，「山」へとつながっていたことも指摘しておきたい．

---

[1] 本報告は杉山が「1.　はじめに」から「6.　最後に」までを，竹田が「7.　附記」を分担執筆したもので，京都大学農学研究科蔬菜花卉園芸学分野の細川宗孝准教授のご尽力なしにとりまとめることはできなかった．記して感謝いたします．

2. 平等主義，合理主義，対等性の貫徹

　梅棹忠夫は，京大山岳部の前身であった第三高等学校山岳部における「徹底した平等主義」について「軍隊にははじめから自由はない．わが三高山岳部が，いわば軍隊の対極点にたつ存在であった」と述べ，私的武装集団である武士を解体した明治国家が，上意下達を基本とする近代的武士道を，官僚制，軍隊，学校教育，民法を通じて日本人に徹底していったこと（サムライゼーション）を批判していた．このような軍隊化やサムライ化が比較的貫徹しなかった場所は日本各地に点在したが，米山俊直がヨコ社会の特質とする仲間とリーダーの間の対等・平等の原則があり，「職人気質のアルチザンや，権力の裏をかきながら高度の文化の保護者でありえた商人たちの世界」が色濃く残った京都は，その代表として存在していた．

　その京都に設立された第三高等学校は，先に梅棹が述べた軍隊的な上意下達への批判が行動として表現できる戦前期では数少ない場だった．例えば今西錦司は校長排斥運動の学生ストに連座して停学処分となって一年留年した．桑原武夫は1930 年代の訪米の折に日本近代史の先駆的研究者であり「赤狩り」のなかで自殺を余儀なくされたハーバート・ノーマンとともにハーレムの日本軍国主義批判の集会に出席した．そのほか，治安維持法違反，軍事教練の拒否，配属将校への不服従など多くの事件があり，桑原武夫の著作を見る限り，山岳部関係者はこのような動きの同伴者であったり好意的な視線を向けたりするものが多かった．アジア・太平洋戦争が激化する 1930 年代半ば，反ファシズム文化運動の砦であった週刊『土曜日』に挿絵を提供した画家伊谷賢蔵の息子が，伊谷純一郎であったことは偶然ではないだろう．

　この反軍性は，2 つの側面が考えられる．一つは山岳部部員の行動様式に表現されるもの，もう一つは身の処し方に対する倫理性といってよいものである．まず山行において徹底的な平等主義が取られたことである．次に引用する梅棹の言葉は，私が現役時代においても意識的に行ってきたし，現在も続いている．

　・・・パーティーのなかでの関係はいっさい平等だった．上級生といえども，なんの特権もなかった．荷物は同じだけの分量を背おい，すべての苦労を平等に負

担した．・・・山では，炊事は交代だし，洗濯などの個人の用事に下級生をつかうなどということは，とてもかんがえられなかった．・・・・・・リーダーはもちろん存在した．しかし，いつの場合にも，リーダーの命令にメンバーがしたがうということはなかった．いつも全員の合議制であり，ただ最後の意思決定をリーダーが下すのである．

　この平等性は，桑田真澄が「多くの軍隊経験者が復員後，全国で野球の指導者や審判になった・・・．軍隊式の指導法が野球に取り込まれ，上下関係や精神論，体罰肯定が根付いてしまった．かつての常識だった『練習中に水を飲むな！』という指導も，軍隊式の表れです」と指摘する敗戦後の体育活動の軍隊化に抵抗できた理由の一つであろう．例えば，高校時代にバスケットボール部に所属して水を飲まないように指導された私は，上級生から「お前，生物勉強したことあるんけ？あるんやったら代謝の仕組みぐらい知っとるやろ」と論破された経験がある．

　倫理性の側面では，森林生態学を創始した四手井綱英は，アジア・太平洋戦争末期に木材研究所に招聘されたにもかかわらず，それが特攻機の研究であったために断って中国戦線へ再招集された．また，今西錦司らと最先端の登攀を行っていた高橋健治は，終戦と同時に何等過去の失敗を反省することもなく「勝てば官軍，負ければ賊軍」とか「勝も負けるも時の運」とかチョンマゲ時代の勝敗感を無条件に現代人がとりいれて，自らの行動には何の反省する所もなく，叉他に及ぼした害悪をも考へることなく無責任に得々として次の行動に移らんとしてゐる．こんなものをそのまま許して置けば我国登山界延いて一般社会は戦前に於ける欠陥，失敗を再び醸成して更に過去の失敗を二重に繰り返すのみである．

　と，戦中の行軍登山や無軌道なヒマラヤ計画を自己批判も踏まえて痛烈に批判した．また，戦争で伴豊や可児藤吉など有為の同輩を失ったこと，河合雅雄が語るように，戦場で体験したり目撃したりした残虐行為が研究動機であったことも大きいだろう．

　このような登山に関する倫理性や社会性についての関心は，60年安保や69年前後の京大闘争への参加，私の現役時代における伊方原発やアスベスト問題への視線，そして「ルーム日誌」に記された数多くの論考からうかがうことができる．

3. 穴だらけのキャンパスのプロジェクト

　「自由な学問研究の場」として西園寺公望の後押しで設立された京都大学には，伊谷純一郎が指摘するように「大学の諸機関を横断する」組織があった（京都大学学士山岳会や近衛ロンドなど）．このような「英国風のクラブやソサエティーのような風格をそなえた社交の場」でもあったような通路以外にも，山岳部という「穴」に入り込むと大学諸機関を横断する空間への 2 つの通路につながることができた．

　山岳部員は，三高山岳部以来一貫して「今を生き」ようとしていたといえよう．入部時には，これでもかというほどの多様な部員や卒部生に出会う．彼らは，創設時の今西錦司らのころから梅棹忠夫の時代，さらに 1970 年代においても留年をいとわず，年間単位数が一桁であっても年間 100 日以上山に登ることを目指した．「京都大学山岳部卒」を自称できる学生生活を送ることを可能にする，制度として穴だらけであった京都大学という存在があった．上野千鶴子の言葉を引用すれば，

・・・・・・極端な例が京大です．京大は，教師にも教育する気がない．学生も教育される気がない．そうすると異才が出るのです．ただし，歩留まりがすごく悪い．たしかにヘンな人が出てノーベル賞もとるかもしれないが，それは京大の教育がよかったからではなくて，最初から母集団のなかにそうした人材がいたからです．・・・・・・私たちはそれを「放し飼い」と呼んでいます．

　もう一つの通路は，西部構内にたむろする諸サークルや吉田寮や熊野寮，長年山岳部員や探検部員が多く居住する特異な下宿の存在がある．異なった学部やサークル活動に参加する学生，さまざまな学生運動活動家との交流を通じて，大学の講義やマスメディアが取り上げない問題——水俣病，伊方原発，朝鮮半島出身の被爆者，琵琶湖水質汚染問題など——を知ることができた．教員も含めて制度や講義以外の地下通路の多い京大の様子を伝えるものとして，三菱化成の人事担当者に「うちはね，成績が悪くても採りますよ・・・・・・，あっ，しっかし，いやぁ，ほんとに悪いですね」と言われた米本昌平による『独学の時代』に詳しい．

4．ルームと山行

穴だらけの京大キャンパスで，部員たちはほぼ毎日ルームにたむろし無駄話や議論，過去の山行記録や遭難記録を読んだりしていた．とりわけ重要なのは「水曜会」と呼ばれた例会であった．この例会を通じた山行は，松沢哲郎によれば研究のすべてを教えるものであったという．行きたい山行の実現可能性を考え，実現できるようなメンバーを集め，過去の山行記録と気象データや遭難記録を読み，計画を大勢の部員の前で説明し批判をうける．時には徹夜になる議論は，漢字の読み間違えや関西語特有の擬音語も含め一言隻句，「ルーム日誌」に記録され，読み返された．山行は再び水曜会の議論に付され，三回目の検討で決定される．検討においては，リーダーシップのみならずフォロアーシップも重要視され，将来の山行リーダーを生み出すようなパーティーシップを形成することが要請された．「パーティー学」を提唱した川喜田二郎によれば，将校が死ねば烏合の衆になってしまう日本陸軍の対極にあるもの，一人のメンバーがリーダーシップもフォロアーシップも併せ備えるための訓練があったといえよう．

積雪期の山行は一週間から二週間，長い時には三週間にわたるが，時には吹雪などで行動が不可能になり，同じ場所でだいたい 6 名からなるメンバーが，長い場合には 5 泊続く停滞を余儀なくされる．ツーテンジャックのようなトランプをやりながら，それぞれの専門領域の話（高分子化学の研究動向や建築構造，動物行動学などなど）や今西錦司や西堀栄三郎，桑原武夫，梅棹忠夫などの活動について議論が行われていた．山岳部の「穴」ではこうした議論の前提として，高校生物，物理，化学の知識が不可欠であった．とりわけ，気象や天文，読図，地形を扱う地学の知識が重要であった．

さらに部員たちは一生（死後も）ついてまわるあだ名で呼ばれる．上級生にたいしては「○×さん」がせいぜいで，便宜上対外的に「先輩」「後輩」を使うことはあっても，先輩意識や後輩意識はほとんど存在しなかった（下手に使うと，後輩に選んだ覚えはないとか先輩に選んだ覚えないないと言われる）．

山岳部の活動の基本は，梅棹が述べるように「自由というものは，要するに，すべては個人の自覚にもとづいて行動するということであって，他人からの強制は

いっさいなかった．わたしたち山岳部員の山ゆきもまったくそれ」であった．しかし，当然完璧であるはずもなく，数々のエピソードや失敗談，事故経験はあだ名とともに死後も語り継がれることになる．そしてお互い「脛に疵持つ」からといって，相互批判において曖昧にしないことが求められた．

相互批判の根底には，土倉九三の言葉とされる「人情紙よりも薄く団結鉄よりも堅し」という原則があり，下級生が本気であれば卒部した上級生たちは叱咤や励ましという精神的支えのみならず，物質的援助をも惜しまない．

5．読書と議論

今西錦司や桑原武夫が無類の読書家だったことは，つとに知られているところである．梅棹忠夫は今西錦司を，職人的研究者と対比して「本質的都会人で，大文化人で大教養人だ」と評した．この読書好きは，霊長類学で新しい地平を切り拓いた松沢哲郎もそうであった．このような乱読が生み出す林達夫や花田清輝が体現するような雑学やアマチュア精神が基礎となって，新しい学問が生まれたのであろう．ある工学部建築学科の卒部生は，興味のある本を図書館で片端から読んでいくと，貸出カードに人文科学研究所の所長となった谷泰の名前がいつもあったと思い出を話す．卒部後，会社員としての生活に飽き足らずに笹ヶ峰にある京大ヒュッテに集って，読んだ小説，研究書，新しい研究動向，ネパール，ブータン，東南アジア諸国を旅した知見を交換し合う．

議論は，どこでも徒歩や自転車で到達可能な京都では，行きつけの飲み屋に行けば誰かに会うことができ，終電車を気にすることなく語り会うことが可能であった．その際，対等性・平等性ばかりではなく，領域越境性と厳しさが時に顔を出す．河合雅雄が語るような「この野郎，殴ったろか」「チクショウ，このおっさん」と思うほどの厳しい議論があり，例えば東工大で教員をしている高分子化学専攻の上級生が文学部歴史学を専攻する院生に対し，「お前のやっていることはトランクか，ブランチか？」「枝葉だったら止めちまえ」，「どこがおもろいんか，説明してみ」と問うことがあった．たいてい失敗に終わる回答は，痛罵される．その中でも対等性・平等性に基づく自由闊達さが基本となっていた．

このような議論は，山岳部関係者に限らないだろう．社会学者樫村愛子が，「ど

んなアイデアもモノローグの世界からはぜったいに拡がらない，対話のなかからしかアイデアは育たない」と主張する上野千鶴子の研究・教育活動について，「上野は京大人文研等の自由なコミュニティ（KJ 法は単に方法だけではなくそのときの豊かなコミュニケーション経験にも裏打ちされているだろう）の記憶」を保持し続けたことを指摘している．山岳部に限らない「自由なコミュニティ」こそが，異才を多く生み出すうえで大きな役割を果たしたのだろう．

6. 最後に

以上述べてきた山岳部の活動は，都市生活と山との関係が断絶し，歩留まりの高さと成果を要求するプログラム化が進み，山岳部の活動が生息しえた穴や通路が塞がれつつあり，予備校の成績や偏差値を能力と勘違いして「超エリート」と自称する学生が出現する現在，再現が難しい一回限りのプロジェクトだろう．それでも，足元も見えない目の前にぶら下げたピッケルでやっと平衡感覚を維持することができる濃いホワイトアウトの雪原のような将来を歩む後学者にとって，平等性や対等性，合理主義，幅広い教養，そして学問領域や大学の境を越える地下通路は，少しは役に立つ道標となるのではないだろうか．

7. 附　記

上述のような山岳部の活動は研究活動にも大きな影響を与えることとなった．山岳部は多くの大学に存在し，同じような議論や活動が行われてきたことと思うが，ここでは京都大学の山岳部や探検部あるいはそれらの前身である旅行部が広義の農学研究に与えた影響について，来歴をふりかえってみたい．杉山の言う「地下通路」が京都大学周辺の農学研究にどのような影響を与えてきたのか，「熱帯林研究　―探検からの系譜―」（竹田，2010）などを参考にしながら考察してみたい．

生物誌研究会と探検大学

1931 年（昭和 6 年）5 月 24 日に京都大学楽友会館で京都大学学士山岳会（AACK）の発足会が開かれ，初代会長には元京都帝国大学旅行部部長であった郡場寛が就任した．1932 年にはその後を継いだ木原均が会長に就任し，1958 年に桑原武夫に会長職を継ぐまで四半世紀の間会長職を務めた．

写真：探検部関係者と歓談するE.J.H.コーナー博士[2]
写真左は四手井綱英探検部部長，右は梅棹忠夫探検部顧問（1966年9月12日京都市内で山本紀夫撮影）

1951年には生物誌研究会（Fauna and Flore Research Society）が設立された．1953年4月に作られた生物誌研究会規約には，同会は「学術に関する調査，探検等の事業を行い，且つ各種の研究上の連絡，企画，普及をはかる」ことが目的に掲げられている．1953年5月現在の会員は，会長の並河功（京都大学分校教授・主事）以下，木村簾（医学部教授），木原均（農学部教授），豊崎稔（経済学部教授），宮地伝三郎（理学部教授），芦田譲治（理学部教授），四手井綱彦（工学部教授），桑原武夫（人文科学研究所教授），岩村忍（人文科学研究所教授），今西錦司（人文科学研究所講師），山下孝介（分校教授），酒戸弥二郎（宇治茶業研究所長），工楽英司（参議院文部専門委員），中尾佐助（浪速大学助教授），吉良竜夫（大阪市立大学教授），梅棹忠夫（大阪市立大学助教授），川喜田二郎（大阪市立大学助教授）の17名で，事務局は京都大学人文科学研究所分館内に置かれていた．

---

[2] 幻となったカブルー計画の隊長予定者でもあった元旅行部部長である郡場寛は，1942年9月京都大学を60歳で定年退官，12月に司政長官として昭南博物館に赴任し，植物園長となった．前任者のE.J.H.コーナー博士との交流はコーナー著「思い出の昭南博物館：占領したシンガポールと徳川候」に記録されている．コーナーはケンブリッジ大学探検部の顧問でもあった．1966年8月22日から9月10日まで，東京で第12回太平洋学術会議が開催された際に，ロンドン王立協会の代表として参加したコーナーは，故郡場寛教授の家族を京都に訪ね，さらに京都大学探検部の学生たちとも歓談している．コーナーの回想録には戦中のシンガポールでの悲惨なできごとも記録されているが，同時に日本人研究者の一部とは戦中にあっても人間的な絆を結んでいた．日本占領下でのシミントン著「林務官のためのディプテロカルプ要覧」刊行の経緯をネイチャー（158 P.63）に，また田中教授の追悼文をネイチャー（167 P.587）に書いている．

並河は 1924 年（大正 13 年）5 月に設置された農学部農作園芸学第二講座（現在の蔬菜花卉園芸学分野）の初代教授に就任し，中国から多くの蔬菜の品種を導入するなど，広く果樹・蔬菜・花卉の研究を進めた．しかし，戦況が悪化した時期には蔬菜研究は不要不急と誤解され，研究室の活動は抑圧される雰囲気であったらしい（京都大学農学部創立 70 周年記念事業会, 1993）．

　終戦を迎えたのちも，その混乱が収まるには数年を待つ必要があった．1951 年 9 月にサンフランシスコで講和会議が開かれ日本とアメリカのはじめとする 48 か国との間にサンフランシスコ平和条約が調印された．この条約は翌年 4 月に発効し，これをもって 7 年間にわたる占領が終わって日本が主権を回復したのである．生物誌研究会が設立された 1951 年は戦後日本の出発点となる年であり，押さえつけられていた研究活動が大きく動き出すことになる．

　1949 年にそれまで鎖国状態だったネパールの門戸が開き始めた．1950 年 6 月にはフランス隊がアンナプルナ（8091 メートル）に初登頂し，「人類最初の 8000 メートル」を記録する．これに刺激を受けた中尾佐助，梅棹忠夫，伊藤洋平らは，AACK の会長であり京都帝国大学旅行部長を務めた農学部教授木原均を訪ねて，ヒマラヤ登山計画への協力を仰いだ．そうして設立されたのが，登山とともに学術探検を行う生物誌研究会であったのだ．

　1952 年 1 月にカルカッタで開かれるインド科学会議に木原均が招待されることになった．この機をとらえて西堀栄三郎は日本学術会議会長の亀岡直人に直談判してインド学術会議への招待状を入手した．かねてから念願であったヒマラヤのマナスル（8156 メートル）の調査許可を取得するのが目的であった．西堀はマナスルへの踏査隊の許可申請書を京都大学生物誌研究会の名前で提出した．

　1952 年 4 月に生物誌研究会はマナスル登山を日本山岳会に譲る．ただし，偵察隊と本隊の学術隊は生物誌研究会が中心となって進めることとなった．1952 年 8 月には今西錦司，中尾佐助らが日本山岳会マナスル踏査隊としてネパールを訪問した．4 か月に及ぶキャンプ生活の最後の日を中尾は次のように振り返っている．

　「12 月のクリスマス間近になって，カトマンズ盆地を囲む尾根の上で最後のキャンプをした．下の方に盆地が見え，電灯の灯も見えるところで，夕食後，今西さんたちと小高い草原の上からカトマンズの町を見ていると，だんだん暗くなっ

て電燈のつくのが目に入る．明日あそこへ降りたら，4 か月ぶりにお風呂へ入れる
だろうかというような話をしていた．近くにはないのですが，遠いところの山に
は黒々とした森が見えてきた．そこの高さは2500メートルぐらいのところです．
あの森は何だろうかと思った．帰りにはもうわかってきたのですが，その森は常
緑カシが主力の照葉樹林だったのです．即座にそれがわかるようになってきた．
照葉樹林なら，これはずっと東ヒマラヤに続き，中国南部から日本の南部まで続
いている森林帯だ，これが東アジアの温帯の大構造だ－それが私が照葉樹林とい
うものを認識する最初になったわけです．」（中尾, 2004）

　この文章からフィールドで中尾の新しい着想「照葉樹林文化論」が生じたこと
がうかがえ興味深い．

　1953 年には中尾佐助・川喜田二郎が中部ネパールで野外調査を行い，その成果
は生物誌研究会から木原均編による中部ネパール 3 部作として刊行された．

Scientific Results of the Japanese Expedition to Nepal Himalaya, 1952-1953

Vol.1. (1955) 'Fauna and Flora of Nepal Himalaya'

Vol.2. (1956) 'Land and Crops of Nepal Himalaya'

Vol.3. (1957) 'Peoples of Nepal Himalaya'

　中尾についてみると，"Agricultural Practice"，KIHARA, H. (ed), Land and
Crops of Nepal Himalaya, 1955 と"Transmittance of cultivated plants through
the Shino-Himalayan route"，KIHARA, H. (ed), Peoples of Nepal Himalaya,
1956 という 2 論文をまとめている．さらにその他の資料を加えて"Studies on the
taxonomy, origins and transmittance of the crops in the Shino-Himalayan
range" という論文をとりまとめ 1962 年に京都大学から学位を授与されている．

　1955 年 4 月から 11 月には生物誌研究会が中心となった京都大学カラコラム・
ヒンズークシ学術探検隊（KUSE）の現地調査が行われ，後に山下孝介編による
Cultivated Plants and their Relatives をはじめとする全 8 巻の報告書（The
Committee of the Kyoto University Scientific Expedition to the Karakoram
and Hindukush, Kyoto University , 1960-1966）が刊行された．

　こうした論文や専門書のみならず 1956 年の映画「カラコルム」や 1956 年の「砂
漠と氷河の探検」（木原均編　朝日新聞社），梅棹忠夫「モゴール族探検記」（岩

波書店）など一般市民に向けても成果が積極的に発信された．こうして隊長を務めた木原均は「コムギの祖先発見者」として広く知られるようになった．

1959 年には京都大学東部地中海地域コムギ調査隊，1966 年には京都大学コーカサス学術調査隊，1967 年には京都大学大サハラ学術調査隊，1968 年には京都大学アンデス学術調査隊，1970 年には京都大学メソポタミア北部高地植物調査隊，1970 年から 1971 年には京都大学南米アンデス栽培植物調査隊と精力的な海外調査が繰り広げられた．

戦前から農学部遺伝学研究室の姉妹研究所であった財団法人木原生物学研究所では禾穀類，ことにコムギ属の細胞遺伝学的研究を行っていたが，1938 年頃からその研究領域が純粋の遺伝学・細胞遺伝学からその応用方面の育種学にも関係するようになった．そのため，1900 坪もの土地を木原が購入し，将来設立されるべき木原生物学学研究所に寄付されることになった．こうして設立者木原を理事長として財団法人設立許可申請書を文部省に提出し，1942 年に認可された．以降，木原生物学研究所は幾多の目覚ましい業績をあげた（京都大学農学部 70 年史より）．戦時下，食料状況が逼迫するなか，コムギの品種改良に役立つ遺伝学的研究は，はからずしも時代の要請と軌を一にした．

1945 年 8 月の敗戦後に日本に進駐したアメリカ軍とともにコムギ育種の専門家，S. C. Salmon 博士が農業顧問として来日し，1946 年 2 月 28 日に京都大学農学部を訪れた．ここで木原に会い，その時 Salmon はアメリカの 2 人の博士が野生 2 粒系コムギと野生のタルホコムギを交雑し，雑種第一代植物をコルヒチン処理することによって雑種の染色体を倍加してパンコムギを合成し，タルホコムギがパンコムギの祖先野生種の一つであることを証明したというニュースを伝えたのである．ところが彼が驚いたことに，時を同じくして京都大学においても全く別のやり方でパンコムギの両親を推定し，さらにそれらを交雑した雑種植物の細胞遺伝学的分析の結果から，同じ結論が得られていたのである（阪本，1996）．こうした業績から，木原は 1948 年にスウェーデンで開かれた国際遺伝学会議に招かれ，戦後極めて早い時期に海外渡航が許された日本人研究者の一人となった．

1959 年に木原生物学研究所を京都大学が購入し農学部附設農業植物試験所を発足させ，1952 年に文部省の系統保存事業に指定されていたコムギとその近縁植

物のコレクションを中心に多数の遺伝育種材料が系統維持されていった．その後
1971 年に農学部附属植物生殖質研究施設となり，系統維持は今日まで引き継が
れ，多くの農学研究者に研究材料を提供している．今日では作物遺伝資源の重要
性も広く認識されているが，戦前からの系統保存事業はその先駆けであった．こ
うしたコレクションは毎年のように繰り返された調査隊が世界各地から持ち帰っ
たものである．

　戦後長らく京都大学は「探検大学」と呼ばれた．この探検大学にあこがれ農学
部に入った山本紀夫は次のように振り返っている．「1968 年秋，太平洋をわたる
3 隻の貨物船に 2 人ずつ，計 6 人の京都大学の学生が分乗して南アメリカのチリ
を目指していた．チリ上陸後，教官たちと合流して，2 人の学生は中央アンデスへ，
そして残りの 4 人の学生はパタゴニアへ向かうことになっていた．いずれも京都
大学の探検部が派遣した調査隊のメンバーであり，このうちの一人が私であった．
当時，海外渡航は自由化されていたとはいえ，まだ誰もが気楽に海外に出かけら
れる時代ではなかった．まして，貧しい学生の身分で日本から一番遠い南アメリ
カに出かけるのは容易なことではなかった．そのため，出発までには長い準備期
間が必要であり，来る日も来る日も寄付集めなどに走り回っていた．それだけに
分乗した貨物船が岸壁を離れたときの感慨を今なお鮮やかに思い出す．そんな時
代であった．」（山本，2004）．

　この回想にあるように，山岳部・探検部はまだ誰もたったことのない場所に立
ってみたいという教官や学生の集まりであり，その生み出すエネルギーが農学研
究の原動力となったことは間違いない．「パイオニアワーク」精神が新しい研究
領域を模索する力として働いたのである．

熱帯林研究

　山岳部・探検部は森林研究にも大きな影響を与えることとなる．「熱帯林研究
－探検からの系譜－」（竹田，2010）から当時の活動を見てみたい．チョゴリザ
遠征の準備がすすんでいた 1957 年にはアフリカと東南アジアでの調査計画が進
められていた．1957 年 11 月，梅棹忠夫をはじめとする「大阪市立大学東南アジ
ア学術調査隊」一行はバンコクにいた．6 名のメンバーのうち 2 人が森林担当で
あった．1961 年に生物誌研究会から刊行された「東南アジアの自然と生活」第 1

巻の「タイ国の植生に関する予備調査」と題する 137 ページにわたる報告が，戦後はじめての熱帯林研究の成果となった．1957 年に行われたこの調査を小川房人は次のように回想している．

「戦前・戦中のポナペ島，大興安嶺，蒙古草原，戦後のマナスルなどの，京大の活発な学術調査に刺激され，海外調査熱を募らせていた．もともと生物の豊富な熱帯には興味を持っていたが，最初から熱帯だけに対象がしぼられていたわけではない．我々若者の幾つかの計画は，京大生物誌研究会のカラコルム・ヒンズークシ学術調査のような長老の計画の障害になるとして簡単に潰されてきた．そういう経過を経て，長老が行く予定のない所へ行こうという機運が生まれ，熱帯へとしぼられてきた．」

「1957 年に始まった大阪市立大学東南アジア学術調査隊の活動は 7 次まで続けられ，私は 1 次・2 次の 2 回参加した．一次隊（1957－58）では，太平洋学術会議出席，カンボジア，アンコール・ワットへの自動車修学旅行，タイ最高峰ドイインタノン登山の後，北タイで約 3 か月，乾季の落葉した落葉季節林（モンスーン林）を調査した．その後，南タイで熱帯多雨林を調査する予定であったが，経費不足で打ち切った．二次隊（1961－62）では，前半北タイで，乾季の初めの落葉前の落葉季節林を調査した後，南タイのマレーシア国境に近いカオチョン国立公園で，待望の熱帯多雨林を調査した．」この待望の「熱帯多雨林」は，実は択伐後の熱帯常緑季節林で，樹高も 40m に及ばなかった．小川たちは，典型的熱帯多雨林調査への思いを一層強く持つようになる．

「タイ国の植生に関する予備調査」が公表された 1961 年には，大阪市立大学と京都大学が共同でビルマへの学術調査も計画している．

「1961 年東南アジア学術調査隊計画書」には，調査地域として（1）ビルマ北部山岳地帯およびカチン高原，（2）ビルマ南部テナセリム地方その他とある．おもな目的は，（1）ビルマ北部山岳地帯およびカチン高原における動植物の生態学的研究，（2）ビルマ最高峰カカルポ・ラジ（5880m）山群の初登頂，（3）湿潤ヒマラヤの高山科学（アルペンクンデ）的研究，（4）ビルマ北部山岳地帯およびカチン高原における諸民族の人類学的・生態学的研究，（5）湿潤熱帯森林の生産量と生産機構，（6）湿潤熱帯森林の生物相の研究，の 6 つである．しかしこのビル

（ 14 ）

マ計画にはビルマ政府からの許可が下りなかったため，結局は頓挫してしまった．

1971 年には IBP（国際生物学事業計画）によりマレーシアで大規模な熱帯林研究が始まった．マレー半島のパソーの森を対象に長期定着型の研究がおこなわれ，森林の生産力に関する定量的なデータ収集が行われた．これによりはじめて熱帯林のバイオマスの詳細が明らかになった．70m を超える木を輪切りにして，幹・枝・葉を高さ毎に計測しその分布を明らかにしたのである．この現存量のデータは，地球温暖化の議論の前提となる熱帯林の炭素蓄積の基礎データとして今でも使われている．

シカゴ大学出版から 2002 年に刊行された「熱帯林生物学の基礎－古典論文と解説」は，19 世紀から現在に至るまでの熱帯林研究でとりわけ重要な著書・論文 56 本を集めて解説を加えた教科書である．その中に吉良竜夫（京都大学農学部園芸学助教授を経て大阪市立大学に赴任）の論文「Community Architecture and Organic Matter Dynamics in Tropical Lowland Rain Forests of Southeast Asia with Special Reference to Pasoh Forest, West Malaysia」が収録されている．熱帯林における生態系生態学の古典となっているのだ．もちろんそれ以降の研究によって修正された点もあるが，しかし熱帯林の現存量，一次生産，物質循環を一つずつ解き明かしていったパイオニアワークはこれからも古典として読み継がれていくだろう．

日本熱帯生態学会の設立 15 周年記念大会が 2005 年に京都大学時計台記念館で開催された．その時，吉良は熱帯林研究を振り返り，パソーでの伐木調査跡地を数十年ぶりに訪れた時に観察した植生回復の状況などを講述した．この老教授が静かに語る内容は，不思議なエネルギーに溢れていた．吉良は最後にこんなことを話した．「いつでもフィールドへいける現在の状況は素晴らしいが，しかし逆に研究することが難しくなっているのではないか．」半世紀前と比べて，世界の調査フィールドへのアクセスは格段によくなった．時間的距離も経済的距離も短くなった結果，かつては数カ月から 1 年に渡って滞在したところが，最近では比較的短期間の調査を繰り返す傾向にある．便利さと引き換えに，研究対象と腰を落ち着けてじっくりと向き合う時間を失いつつあることに対する警句だと理解した．

パイオニアワークとしての農学研究

　フィールドワークによる徹底した現場主義で集めた情報から「栽培植物と農耕の起源」「料理の起源と食文化」「花と木の文化史」といった自然と人間を結ぶ広い意味での農業・農学を求め続けた中尾は，農業が文化であることの重要性を再三指摘している．

　「文化の出発点が耕すことであるという認識は，西欧の学会が数百年にわたり，世界各地の未開社会に接触し調査した結果，あるいは考古学的研究，あるいは書斎における思索などを総合した結論である．人類の文化が，農耕段階にはいるとともに，急激に大発展を起こしてきたことは，まぎれもない事実である．その事実の重要性をよくよく認識すれば"カルチャー"という言葉で，"文化"を代表させる態度は懸命といえよう．…中略…農業を，文化としてとらえてみると，そこには驚くばかりの現象が満ちている．ちょうど宗教が生きている文化現象であるように，農業はもちろん生きている文化であって，死体ではない．いや，農業は生きているどころではなく，人間がそれによって生存している文化である．消費する文化でなく，農業は生産する文化である．」（中尾，1966）

　1953年5月にエドモンド・ヒラリーとテンジン・ノルゲイが世界最高峰のエベレスト（8848m）の初登頂に成功する．そのニュースを聞いた登山家の多くは，偉業を喜び称えると同時に，もはや目標を失ったと思い落胆した．しかしその後も，新しい登山の形を求めて山登りは続けられている．

　一方で同じ1953年ジェームズ・ワトソンとフランシス・クリックはDNA二重らせん構造を提唱した．その後の研究の進展は農学分野の研究スタイルをも大きく変え，今も先端研究が日夜進められている．先端的になるほど，例えば中尾が言った文化としての農業という総合的な立場とは乖離してゆくことが多い．

　シンガポールの首相を長年にわたって務めたリー・クアンユーが日本人の特質を日本刀になぞらえて語ったことがある．日本刀は世界で一番美しい刀である．でもそれは本来の機能を超えてある意味で必要のない美しさの域に達している．勤勉な日本人はいったん仕事を始めると，とことん合理的にその仕事を究めていく．そのことは素晴らしいが最初の目的を見失うこともあるだろう．先端研究もこれに似た要素を含んでいるのではないだろうか．研究の目的があって手段を選

択しているのであるが，時として手段が目的化してしまうのである．重要なことは進むべき方向を見誤らないことだ．「農業は生産する文化」であるなら，農学研究を生産現場とそれを取り巻く地域から切り離すことはできないだろう．還元主義的で細分化された先端学問分野が袋小路に終わらないためにも，現場でのフィールドワークの重要性は今の時点でもう一度思い起こしてみる必要がある．

　山登りや研究に人を駆り立てるものはいったい何なのだろうか．単純な出発点は行ったことのない場所に行ってみたい，知らない世界を見てみたい，という素朴な好奇心に違いない．

　「夕日が射して濃い陰影のついた北山を，加茂川のほとりに立って眺めるとき，その北山は中学生であった私を，はじめて山に誘い入れたときと，同じ迫力をもって，いま私の心に迫ってくるのである．すると私はやはり心の奥に何かしら不安に似たものを感じ，それがしだいにひろがって行くと，もうすべてのことがつまらなく，ただただ遠い彼方の見知らぬ国々に渡って，人知らぬ自然の中へ分け入ってみたいという願望に閉ざされてしまうのである．北山は罪なるかな．」（今西，1940）「見知らぬ国々の人知らぬ自然」の中でのパイオニアワークは，研究の独創性・新規性へとつながっていく．

　戦後始まった学術調査隊は，「隊」「隊長」という名前が示す如く登山と同じ組織用語を使っていた．英語でエクスペディションは，目的を持った集団での旅行を意味し，「探検，遠征，旅行」と状況に応じて日本語に訳し分けられている．現在ではもう使われることもないが，戦後から高度経済成長期の海外登山学術調査で輝いていた言葉である．その輝きは当時の学生たちを引き付け，杉山のいう「平等性や対等性，合理主義，幅広い教養，そして学問領域や大学の境を超える地下通路」が彼らを育んでいった．その「地下通路」は，社会や大学を覆う閉塞感からの出口にいまもつながっているはずだ．エクスペディション（expedition）もエクスプローラ（explorer）も，外に（ex-）向かった行為にかかわる点で，出口（exit）への道案内になるに違いない．

　実験室の窓からみる北山の山並みはいまも変わらない．窓の外を眺めて好奇心と想像力を膨らませ，そして農学の新たなフィールドを目指す研究者のさらなるパイオニアワークに期待したい．

今西錦司 1940. 山岳省察　弘文堂, 東京.

京都大学農学部創立 70 周年記念事業会. 1993. 京都大学農学部七十年史

阪本寧男 1996. ムギの民族植物学　学会出版センター, 東京. 177－178.

竹田晋也 2010. 熱帯林研究－探検からの系譜　梅棹忠夫監修,カラコルム／花嫁の峰チョ
　　ゴリザ刊行委員会編, カラコルム／花嫁の峰　チョゴリザ―フィールド科学のパイオニ
　　アたち 京都大学学術出版会, 京都. 176－185.

中尾佐助 1966. 栽培植物と農耕の起源　岩波新書, 東京.

中尾佐助, 中尾佐助著作集　Ⅲ　探検博物学 北海道大学図書刊行会, 札幌. 541－54.

山本紀夫 2004. ジャガイモとインカ帝国―文明を生んだ植物 東京大学出版会, 東京. 305.

米本昌平 2002. 独学の時代　NTT 出版, 東京

第２章
古地図から読み解く百年で移り変わる山の風景

岡本　透

国立研究開発法人　森林総合研究所　関西支所

1.　はじめに

　最近，古地図を片手に街歩きをすることが流行している．スマートフォンの古地図関連のアプリが次々と開発されるだけではなく，それらを利用した街歩きツアーなども開催されている．昔と今の街並や風景を見比べて，過去に想いを馳せながら街歩きできることが流行の理由のようである．こうした流行を後押ししているのが，NHK で放送されている「ブラタモリ」に代表されるテレビ番組である．簡単に言ってしまうと，「ブラタモリ」は古地図を片手にあちこちをブラブラ歩き回るという番組である．しかし，普段何気なく暮らしている私たちの街が成立した背景には，地質，地形，水文などの自然科学的事象が大きく関わっていること，それらを巧みに利用した先人たちの文化や知識があったことなどを気付かせてくれる良質な番組である．ただし，こうした番組の中では，本書のテーマである"山"については，山そのものの成り立ちについては詳しく説明されるが，山肌を覆う植生に関しては深く踏み込んで説明されることは，残念ながらそれほど多くない．

　それでは，山の植生の変化は，何によってもたらされたのだろうか．本章では，「ブラタモリ」の手法を見習って，江戸時代から現在までの山の風景の変化を古地図などの図像資料を用いて視覚的に紐解いてみたい．その際，タイトルにある

（ 20 ）

古地図だけではなく，浮世絵，古写真，絵はがきなどの歴史資料も用いることにする．そして，山の風景に変化をもたらした要因についても検討してみたい．

2. 図像資料について

　古地図，浮世絵，古写真，絵はがきといった絵図，絵画，写真などのような画像資料を，歴史学分野では「図像資料」と呼んでいる．いわゆる古文書と呼ばれる文字が書かれた古い資料を読み解くには，まず「くずし字」を解読し，候文に特有な言い回しを現代語に訳する必要がある．これに対して，図像資料は，特別な知識が無くとも見るだけで内容を視覚的に判断できる．このため，過去の風景の変化を調べる資料として専門家では無くとも手軽に扱うことができる手段，方法であると言える．もちろん，図像資料を扱う際に覚えておかなくてはならないさまざまな作法があるが，「見ればわかる」ことは，何かを知ろうとする最初の一歩を踏み出すのに良いきっかけとなると考えられる．

　近代的な測量技術を用いて空間を表現した図は一般的に「地図」と呼ばれる．一方，近代以前に作られた古い地図は「絵図」と呼ばれ，必ずしも測量に基づいて作成されたものではない．その多くは，風景画と同じように作者が眺めた対象物の相対的な位置関係やある程度の想像に基づいて作成された．江戸時代には，安定した幕藩体制下で支配，管理，交通，防災などさまざまな要請によってさまざまな地図が作られ，それらのかなりの量が現在にまで伝わっている．このため，数百年程度の山の風景の変化を解き明かす際には，江戸時代に作成された複数の古地図を有効に利用したい．また，絵図に描かれた植生については，森林管理を目的に作成された山絵図，植物資源の利用に関わる争論の際に作られた裁許絵図の情報量が多いのは当然であるが，支配や領有を目的に作成された国絵図や村絵図も情報量が多い．

3. 図像資料の使い方

　図像資料に描かれた過去の風景に関する話をしていると，「本当に写実的に描かれているの？」「描いた人の主観が入っているのでは？」といった質問をされることがある．図像資料の中でも，実景をそのまま記録する写真は除くことができ

るが，図や絵画の場合は上記のような疑念が常についてまわる．こうした疑念を払拭し，図像資料の資料性を高めるには，同時代の複数の資料の描写を比較することや，図像資料の描写と文字資料に記述された内容とを比較することなどが必要である（小椋，2012 など）．

(1) 江戸時代の図像資料の使い方

歌川広重の保永堂版『東海道五拾三次之内』（1833～1836 年頃）の『日坂』は，江戸時代後期の山の状況を良く現しているとして，しばしば取り上げられる浮世絵である（図 2.1 左上）．そこに描かれた山と植生の表現から，江戸時代後期の里山は「マツしか育たないほど貧弱な状態だった」と説明されることが多い（太田，2012 など）．しかし，1 枚の浮世絵からそこまで言い切ってしまって良いのだろうか．

図2.1 歌川広重の『日坂（静岡県掛川市）』を対象にした作品の比較．
左上）保永堂版東海道五拾三次之内（1833-36 年頃）
左下）丸清版東海道（隷書東海道）（1847-51 年）
右上）東海道五拾三次之内（行書東海道）（1841-42 年）
右下）東海道風景図会（1851 年）

東海道は京都と江戸を結ぶ江戸時代の大動脈の街道であったため，数多くの文学作品や美術作品を生み出してきた．東海道の名所を題材にした浮世絵は数多く作成されており，広重もいくつもの東海道の揃物を手がけている．ここでは，『日坂』を対象に作成された4つの広重作品を取り上げ，それらの風景を比較してみよう．険しい坂道と変形したマツが描かれる保永堂版（図2.1左上）が厳しい風景であるのに対して，『行書東海道』（図2.1右上），『隷書東海道』（図2.1左下），『東海道風景図会』（図2.1右下）の3作品はいずれも穏やかな風景である．言い換えると，地形や植生が誇張されたように描かれる保永堂版は絵としての面白さは優れているが，そのような表現の無い他の3枚の方が実景に近いのではないかと思えてくる．幕末に横浜にスタジオを開設していた写真家であるフェリーチェ・ベアト（斎藤，2004）が撮影した2枚の古写真を確認すると，当時の東海道の街道松は保永堂版を除いた3つの作品に描かれたものと同様な樹形をしている（図2.2）．

　それでもまだ，浮世絵は版画であるため，表現の省略，強調，単純化などがされていて実際の風景を正しく描いていないのではないか，と疑われるかもしれない．そこで，測量に基づいて作成された街道図の日坂周辺を確認してみよう．1681〜1683年頃に作成された『東海道絵図』では（図2.3），目立つ樹木は街道

　図2.2　フェリーチェ・ベアト（Felice Beato）が幕末期（1860年代後半）に撮影した東海道の松並木（NYPL Digital Collections）．
　　　　左）神奈川県小田原市上板橋あたり，右）撮影地不明

第2章　古地図から読み解く百年で移り変わる山の風景　　(23)

図2.3　1681〜1683年頃に作成された『東海道絵図』
（国会図書館蔵）の新田〜新坂（日坂）部分.

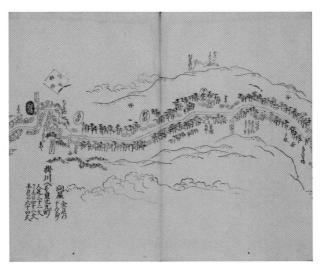

図2.4　1690年刊『東海道分間絵図』（国会図書館蔵）の菊川〜新坂（日坂）部分.

沿いに整備された街道松と北側にある2つの山の山頂付近にある森林である．一方，東海道と北側の山やまとの間は，草原のように描かれている．次に『東海道絵図』を元絵にして1690年に遠近道印が刊行したとされる『東海道分間絵図』を見てみよう（図 2.4）．『東海道分間絵図』は浮世絵の祖である菱川師宣の手

（ 24 ）

による道中風俗と注記が加えられ，実地調査に基づいて作成されているため，当時の状況がよく分かる（深井，1991）．絵図に書き込まれた注記によると，東海道沿いの並木がマツであり，一里塚にはエノキが仕立てられていた．東海道の北側にある山頂付近に森林をいただく山には，「あわヶたけ」と「むけんのかね」という注記がある．つまり，この山は現在ヒノキ林で作られた巨大な「茶」の文字が山腹にあることで知られる「粟ヶ岳」である．ただし，東海道と粟ヶ岳との間には，谷と記されるだけで，植生の状況は分からない．これら 2 つの街道図から 100 年以上経過した 1797 年刊行の『東海道名所図会』の 2 枚の挿絵（図 2.5）や 1806 年頃に完成した『東海道分間延絵図』（児玉，1981）を見ると，東海道と粟ヶ岳の間には疎らに樹木が描かれているものの，東海道沿いの風景はあまり変わっていないようである．

　広重作品の『日坂』には，副題として「小夜の中山」「夜啼石」「無間山」という当時の 3 つの名所が記されることが多い．保永堂版を除いた 3 枚には何らかの形で 3 つの名が記載されている（図 2.1）．「夜啼石」は東海道の真ん中にある大石である．「無間山」は『東海道名所図会』（図 2.5 右）にもあるように粟ヶ岳（阿波ヶ嶽・淡ヶ嶽）の別名であり，興味深い言い伝えのある「無間の鐘」にまつわる無間山の名の方が江戸時代には知られていたのだろう．どちらも保永堂版以外の広重作品と街道図には，はっきりと描かれている．一方，「小夜の中山」は『古今和歌集』に詠まれた古くからの名所である．小夜の中山の急坂と夜啼石との距離は 2km ほど離れているため，測量に基づいて作成された『東海道絵図』では縮尺の関係から小夜の中山は図 2.3 の範囲外となっている．こうしてみると，広重の保永堂版は当時の名所であった「小夜の中山」と「夜啼石」とを無理矢理同じ構図に詰め込んでしまったような印象を受ける（図 2.1 左上）．それに対して，他の広重 3 作品は街道図に近い描写である．とくに，絵本として作成された『東海道風景図会』のあっさりとした描写がより実景に近いのではないかと感じられる（図 2.1 右下）．

　これまで述べてきたことを整理すると，江戸時代の日坂周辺は，街道沿いに仕立てられた街道松を除いて樹木は非常に少ない状況ではあったが，よく言われるような「はげ山」というよりも，「草山」であった可能性が高い．また，「マツし

第2章　古地図から読み解く百年で移り変わる山の風景　　（25）

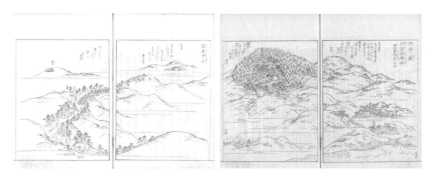

図 2.5　1797年刊『東海道名所図会』（国会図書館蔵）から
「小夜中山」（左）と「阿波ヶ嶽（粟ヶ岳）」（右）の挿絵．

か育たないほど貧弱な状態だった」というよりも，草地の状態を維持するような人間活動が働いていたようにも感じられる．

以上述べてきたように，1枚の浮世絵だけで判断していた過去の風景や植生が，複数の図像資料を比較することによって，それまでとは異なる面が見えてくる．特定の場所の過去の風景，植生，土地利用などを精度高く復元するには，その場所の図像資料をできる限り多く集めて情報量を高める必要がある．

(2) 図像資料の視点の探し方

幕末に西洋から伝わった写真技術は，当初は横浜，長崎など開港地の写真師が中心となって発達した．たとえば，図 2.2 の撮影者であるフェリーチェ・ベアトは 1865 年前後に横浜にスタジオを開設したようである（斎藤，2004）．その後，写真技術はカメラの普及とともに徐々に全国へと広がり，現在では個人でも気軽に扱うことができるようになっている．また，写真製版技術が向上し，鮮明な画像を比較的安価かつ大量に印刷することが可能になり，1900年に私製葉書が認可されたことを受けて，写真絵はがきが爆発的に流行した（斎藤，2004）．さらには，明治末期から大正初期にかけて，各地の名所，風景，風俗を写した写真を道府県単位でまとめた地誌写真帖である「府県写真帖」が発行された（三木，2008）．こうして明治時代後期以降，実景を記録した図像資料である写真が日本各地に多く残るようになった．最近では，古写真を個人的に収集するだけではなく，一般の

人に広く呼びかけて特定の地域で私的に撮影された写真を収集し，風景の変遷を読み解く取り組みも行われている（橋本，2016）．

　現在の風景と図像資料の風景との違いを比較する際によく行われる方法は，図像資料の視点を探し出し，同じ構図で写真を撮影することである．図像資料の視点の例としては，古写真の場合は撮影者がカメラのシャッターを押した場所，絵画の場合は絵師が写生をした場所である．図像資料の視点を探し出す際に利用したいのが，3D 表示機能を有するカシミール 3D，Google Earth のような地図ソフトや国土地理院の地理院地図などのホームページである．古写真に写る目印となるような被写体や山並みの稜線の形を手がかりにして，上記にあげたようなソフトを用いて 3D 表示を繰り返していけば，図像資料の視点の位置を特定することができる．一方，江戸時代に作成された絵図などでは，視点を低いところにおいて描かれた仰見図だけではなく，視点を上空に置いて描かれた鳥瞰図も多く見られる．3D 表示機能を有する地図ソフトを使えば，上空への視点の移動が簡単にできるため，鳥瞰図を描いた絵師の視点の高度を特定することができる．なお，これらのソフトの使い方については，GIS（Geographic Information System：地理

図 2.6　長野県木曽町福島の風景の比較．
左上）第二次世界大戦以前に発行された絵はがき
左下）年国土地理院発行の 50 mDEM を使用してカシミール 3D により作成した図
右）2012 年 5 月撮影．

情報システム）に関する書籍や作者による解説書に詳しく解説されているため，参考にしていただきたい（杉本，2012；森，2014 など）．

　それでは，第二次世界大戦以前に発行された絵はがきを例として撮影場所を探してみよう．絵はがきの中央付近に写るのは，長野県木曽町にある木曽福島駅である（図 2.6 左上）．木曽福島駅の位置とその背後の山並みの稜線の形を考慮して特定した絵はがきの撮影地点を，カシミール 3D を用いて絵はがきと同様の構図で作図した（図 2.6 左下）．その後，特定した撮影地点に足を運んで撮影した（図 2.6 右）．ご覧の通り，生い茂る樹木に視野が遮られたため，期待していた眺望を得ることができなかった．過去の図像資料と同じ構図を探して現場に足を運んだときに，良い結果が得られないことはかなり多い．その要因の 1 つは大きく育った樹木による視界の妨げである（三宅，2003；橋本，2016 など）．

　成功例も示しておきたい．前述した絵はがきと同じく，長野県木曽町の山を写した 1910 年 4 月から 1918 年 3 月にかけて発行された絵はがきである（図 2.7 左）．キャプションに「木曽八景御嶽の暮雪」とあるため，御嶽山を見渡すことができる場所をいろいろ探してみたが，撮影場所を見つけることはできなかった．しばらくして，絵はがきの山容が御嶽山とは違うことに気がついて，これまで考えていたのとは全く違う場所に足を運んで撮影したのが図 2.7 右である．御嶽山の周辺で撮影場所を見つけることができなかったのも当然だった．絵はがきに写っていた山は「御嶽山」ではなく，「木曽駒ヶ岳」だったのである．2 つの写真を

図 2.7　長野県木曽町日義から見た木曽駒ヶ岳の風景の比較．
左）1910〜1918 年発行絵はがき．「木曽八景御嶽の暮雪」とあるが木曽駒ヶ岳の間違い．
右）2012 年 4 月撮影．

見比べてみると，木曽駒ヶ岳の山麓は現在，住宅地，別荘地，森林となっているが，かつては馬の放牧地として利用されていたことを確認することができた．

4．江戸時代以降の山の風景の移り変わり

　現在，身近な山に目を向けてみると，ほとんどの山が樹木にびっしりと覆われている．日本の国土面積の約 65 ％が森林で占められていることを考えれば当然といえば当然なことで，日本が世界有数の森林国であることを実感できる．しかし，前節で述べた絵はがきの撮影場所を特定する作業から分かったのは，山深いことで知られる長野県木曽地域においても，過去には現在とは全く異なる見晴らしの良い風景が広がっていたことである．1960〜70 年代まで時代をさかのぼるだけでも，現在と比べてはるかに樹木が少なく，広い範囲を草地が占める山の風景が広がっていた（小椋，2012；橋本，2016 など）．そして，昭和初期，大正，明治，江戸へと時代をさらにさかのぼってみると，草地もしくは低木類からなる眺めの良い山の風景は一時的に成立したものではなく，100 年以上続いてきたことを確認することができる．さらには，このような風景の変化は，限られた地域だけではなく，日本各地で起きていたことが確認されている（パルテノン多摩，2006；原田・井上，2012；小椋，2012；太田ほか，2012；須賀ほか，2012 など）．

　現在の日本の草地面積は，国土面積の 1 ％にも満たない．しかし，江戸時代には，草地もしくは低木類を含む草地的な植生は，日本の山の 5〜7 割以上を占めていた可能性のあることが指摘されている（小椋，2012）．ある程度信頼のおける統計値が得られるようになった 20 世紀初頭には，草地的植生は国土面積の 15 ％前後を占めていたようである（小椋，2012）．その後，1980 年代頃までに草地的植生は急速に減少し，広大な草地は九州の阿蘇などのような一部地域にしか見ることができなくなってしまった．

5．山の風景の変化と人びとの暮らし

　現在の日本列島は，明瞭な四季の移り変わりがあり，比較的温暖で，梅雨の長雨や冬の降雪だけではなく一年を通じて降水が多い．このような気候下では，日本のほとんどの場所には森林が成立するはずである．しかし，30〜40 年ほど過去

にさかのぼるだけでも草地があちこちに見られ，さらにさかのぼると広大な草地的植生が 100 年以上も続いていた．江戸時代は「小氷期」と呼ばれる世界的な寒冷な時期にあたり，東京の 7 月の平均気温は現在よりも約 1～2 ℃低かった（財城・三上，2013）．18～19 世紀には低温などによる凶作が続き，享保，天明，天保の江戸三大飢饉も起きている．しかし，このくらいの気温の差は，森林植生と草地植生の遷移を生じさせるようなものではない．このため，100 年以上も長く草地が維持された要因としては，気候の変化ではなく，人間活動の影響を想定する必要がある．

現在の私たちの暮らしは，生活に必要な衣食住にかかわる多くのものを化石資源に強く依存している．これに対して，かつての暮らしは，樹木を建築，燃料，肥料などに，草を肥料，家畜の飼料，屋根用の資材に使うなど，植物資源に強く依存していた．中でも，草地の植物資源に対する依存度は，現在では考えられないほど高かったことは注目すべき点である．

(1) 江戸時代の風景と人びとの暮らし

江戸時代の農業に用いる肥料の中心は，山野から刈り取った柴草を田畑に直接

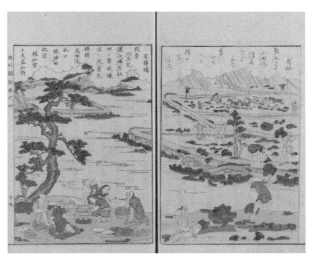

図 2.8　1804 年刊『成形圖説巻之四農事部』（国会図書館蔵）から刈敷に関する挿絵．

敷き込む刈敷，積み重ねて腐らせる堆肥，牛馬を介した厩肥だった（水本，2003，2014；徳川林政史研究所，2012 など）．江戸時代に発行された農業に関する書籍には，刈敷を始めとする肥料の作り方について詳しく解説されている．薩摩藩が編纂した『成形圖説』の挿絵を見てみると，見開きの挿絵の右側の中段から奥にかけて人と馬が田に草を踏み込む刈敷の様子が描かれている（図 2.8）．江戸時代の農村では，こうした風景は毎年春先の田植え前に普通に見られた．地域によっては，昭和 30 年代頃まで刈敷は肥料の主力として使われていたのである（養父，2009b）．

　農作物の生産に必要な草肥を確保するために必要な草地および灌木林の面積は，耕地面積と同程度から多いところではその 10 倍前後とされていた（所，1980；水本，2015 など）．江戸時代には広大な面積の農業用の草地が広がっていたと考えられている．例として，江戸時代の村単位，山単位で作成された絵図を見てみよう（図 2.9）．この山絵図は秋田藩が作成した『吉野村御札山』絵図である（横手市増田町吉野）．「御札山」とは，秋田藩が森林資源の保護と育成を図るために，山林の利用を厳しく制限することを書いた制札を交付，掲示した山林である

図 2.9　江戸時代後期に秋田藩が作成した『吉野村御札山』絵図（国立公文書館蔵）．

（徳川林政史研究所，2012）．絵図に書かれた制札の文言の中にある「水野目林」は，17世紀後半に盛んであった新田開発に対応して設定された水源涵養林である（秋田県，1973）．しかし，こうした水野目林の中にも，「草飼山」や「木草自由山」などといった農業用の採草地が設けられていたのである（図2.9）．

　江戸時代の農民にとって，刈敷を主体とする肥料を確保することが重要な課題だったため，多くの問題が生じた．その1つが，植物資源の確保，利用に関わる争論の増加である．江戸幕府評定所が裁定した裁許絵図の目録を整理すると，争論の半数以上が山野の植物資源利用に関するものであった（鳴海，2007）．また，裁許絵図の件数は，1680年代をピークとして17世紀後半から18世紀前半に集中していた（鳴海，2007）．17世紀は新田開発が活発な時期であった．もともと採草地として利用されていた場所が新田開発によって失われたため，1つの村だけでは管理することができない境界付近に採草地を求めざるを得なかった．また，耕地面積が拡大したために，肥料に用いる柴草がさらに大量に必要になった．裁許絵図の内容と件数のピークはこうしたことを反映していると考えられる．例として，17世紀後半に千野村（茅野村）と金沢町（いずれも長野県茅野市）との間で生じた入会地の境に関する裁許絵図を見てみよう（図2.10）．千野村と金沢町の集落のちょうど中間にある山の草地が争論となった場所である．墨の斑点が描かれる山は森林，斑点の無い山は草地であると考えられる．裁許絵図に記載された裁許の内容から，境塚を理由に領有権を主張した金沢町の言い分は認められず，山境は無く昔から双方の入会地であるという千野村の主張が認められたことが分かる．

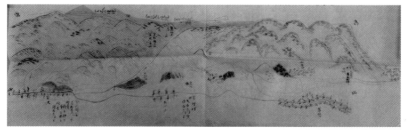

図2.10　1678年『千野村金沢町山論裁許絵図』（国立公文書館蔵）．1878年の写し．

（32）

17 世紀末頃から，農耕地の地力を維持するため，干鰯，油糟，糠，都市近郊の農村では下肥などの購入肥料である金肥の使用が普及し始めたようである．金肥を購入するにはそれなりの経済力が必要である．経済力の無い百姓は自給肥料である柴草に頼るしかない．経済力の差が農耕地への肥料の投入量の差を生み出し，肥料の投入量の差が地力の差，すなわち農作物の収穫量の差を生み出した．このため，地域間格差や村落内の階層格差がますます進み，中下層の百姓の草地への依存度が過剰に高まったと考えられている（水本，2003；武井，2015）．

もう一つの問題は，過剰な柴草の採取によって生じた山地荒廃にともなう土砂災害の増加である（水本，2003；太田，2012；武井，2015；徳川林政史研究所，2015など）．畿内およびその周辺では，草木の根の掘り取りまで行われていたため，江戸幕府は 1666 年に『諸国山川掟』という法令を出し，裸地の森林整備を含めた土砂流出の対策を行った．こうした土砂災害の抑制，水源涵養を目的とした森林整備は，各地で行われていたようである（水本，2003；徳川林政史研究所，2015など）．先に述べた秋田藩の水野目林の設定も，そのような例の 1 つである（図2.9）．

（2）明治時代以降の風景と人びとの暮らし

江戸時代の幕藩体制の管理下で管理されていた森林は，幕末から明治初期にかけての政治的混乱下で乱伐，盗伐され，山地の荒廃が進んだ（太田，2012）．明治政府は，山地・山林保護を目的として，草地を維持するために行われてきた火入れを厳しく規制した（養父，2009a；小椋，2012 など）．また，産業や一般の生活で使用する燃料を確保するために，植林や天然更新によって草地を森林化することも進めた（小椋，2012）．刈敷に用いる柴草の確保が難しい状況下で，有機肥料や化学肥料の開発・生産が増加した（養父，2009a）．こうして，肥料の刈敷から金肥への転換が進むとともに，農業の草地への依存度が徐々に低下したと考えられる．

一方，明治政府が進めた殖産興業政策によって，製糸業，製鉄業，鉱山開発などに必要とされた建築材，燃料材として森林が次々に伐採された．当時，製糸業がさかんだった長野県諏訪地域の統計資料によると，民有林では無立木地が15 ％ほどの面積を占めていた．立木地や植林された樹種は，比較的成長の速いア

第2章　古地図から読み解く百年で移り変わる山の風景　　（ 33 ）

カマツやカラマツが主体となっていたため，薪炭用の材を得るための育林が行われていたようである．しかし，製糸業に必要な燃料の需要は高く，薪炭材が不足したため，他府県からの移入でまかなっていた．その後，鉄道の敷設によって高騰した薪炭よりも安価に石炭を得ることができるようになり，石炭を利用する機械の整備が進んだため，明治後期には石炭や電力へのエネルギーの転換が進められた（杉山・山田, 1999）．

　その後も，人びとの生活の変化にともなって，山の風景は変化を続けた．とくに，第二次世界大戦が終わるまで断続的に続いた戦争の影響は大きかった（有岡, 2004）．戦争特需や軍事物資の供出により多くの森林が伐採された．1938 年から 1945 年まで刊行された国策グラフ雑誌である『写真週報』には，ご神木や古い松並木が伐採された記事が掲載されている．また，化学肥料の使用が進みつつあった農業では，1939 年に公布された肥料統制規則によって化学肥料の供給が激減したため，自給肥料の元となる柴草の重要性が再び増した（有岡, 2004）．この時期の荒廃した山の様子は，有岡（2004），小椋（2012），太田（2012）などの書籍に数多く掲載されているので，参考にしていただきたい．

　そして，太田（2012）が「森林飽和」と呼ぶ緑豊かな森林に覆われた現在の山やまの風景を生み出す契機となったのが，1950 年代半ばから 1970 年代初めまで続いたとされる高度経済成長期である．戦後の復興，高度経済成長と木材の需要が高まり，より奥地へと森林の伐採が続いた（有岡, 2004；太田, 2012）．それに合わせるように，豪雨による土砂災害が多発したため，その対策として治山・砂防事業が進められた（太田, 2012）．また，国土の緑化も進められ，昭和 25 年に「荒廃地の復旧造林」をテーマに第 1 回全国植樹祭が山梨県甲府市で開催された．しかし，森林の回復，増加に対して最も効果的に働いたのは，暮らしの変化だった．高度経済成長期を境にして私たちの暮らしは大きく変わり，それまでの植物資源から化石資源に強く依存するようになった．化石燃料へのエネルギーの転換，化学肥料への肥料の転換，家畜の飼育数の減少などにより，暮らしにおける植物資源への依存度は大幅に低下したのである．こうした変化により，山の植生変化は自然の推移に任されることになった．人が定期的に管理することで維持されてきた草地は森林へと遷移し，草地の面積は急激に減少している．森林については，

（ 34 ）

人の関与が強いマツ林やいわゆる雑木林は，その地域の極相とされる樹種へと遷移しつつある．また，樹木の大径木化や竹林の拡大も問題となっている．

　それまで起きてきた山の植生の変化は，人が植生を使うことによって生じてきた．しかし，高度経済成長を契機に始まった山の植生の変化は，人が植生を使わないことによって生じている．さらに，多くの研究が指摘しているように，その変化のスピードが非常に速いことも特徴的である（小椋, 2012；太田, 2012；須賀ほか, 2012 など）．

6. 今考えなければならないこと

　江戸時代から現在にかけて山の風景が急激に変わった背景には，長く続いてきた植物資源に依存した人びとの暮らしが，化石資源に依存した暮らしへと急激に変わったことにあった．現在進行している草地から森林への変化，森林における先駆種から極相種への樹種の変化は，自然の推移にまかせた遷移であると考えれば当然の成り行きだと言えよう．しかし，自然の推移にまかせるだけで良いのだろうか．日本列島が生物多様性ホットスポットの一地域であることは良く知られている．日本列島は南北に長く，標高差が大きいため，地域によって気候が大きく異なっている．また，地質学的にみても，複数のプレートがぶつかり合う場所であり，これに伴う火山活動や地殻変動も活発である．これらのことが，狭い日本の国土に多様な環境を生み出す要因となっている（湯本ほか, 2011）．一方，絶滅危惧種に挙げられている植物や昆虫に目を向けてみると，草地や雑木林など人が管理することで維持されてきた場所を生息地とするものが多いことは見落とされがちである．つまり，人の暮らしもまた，利用の仕方によって森林，農地，草地，裸地などのような，多様な環境を作り出すことに寄与していたのである（湯本ほか, 2011；須賀ほか, 2012 など）．現在，高度経済成長期以前に植物資源を利用した暮らしを営んでいた世代の高齢化が進み，その方たちが持つ知識や技法を継承することが難しくなってきている．しかしながら，植物資源を利用する生活に関する文化や知識を次の世代に伝えていくことは，この百年あまりの間に劇的に変化した山の風景を維持するだけではなく，そこに暮らす生物たちを守ることに繋がっているのである．暮らしから切り離された植物資源との関わり方を考え，

次の世代に伝えるための行動を早急に取らなくてはならない.

引用文献

秋田県 1973. 秋田県林業史上巻. 秋田県.

有岡利幸 2004. 里山Ⅱ. 法政大学出版会, 東京.

深井甚三 1991. 十七世紀後期における東海道の景観と沿道の人々―「東海道絵図」(国会図書館蔵)と板本「東海道分間絵図」をとおして―. 交通史研究, 26：1-29.

原田洋・井上智 2012. 植生景観史入門―百五十年前の植生景観の再現とその後の移り変わり. 東海大学出版会, 東京.

橋本佳延 2016. 古写真から紐解く六甲山地東お多福山草原の移り変わり. 東お多福山草原保全・再生研究会, 三田市.

児玉幸多監修 1981. 東海道分間延絵図第9巻. 東京美術, 東京.

三木理史 2008. 地誌と写真帖. 中西僚太郎・関戸明子編, 近代日本の視覚的経験―絵地図と古写真の世界―, ナカニシヤ出版, 京都. 145-158.

三宅修 2003. 現代日本名山圖會. 実業之日本社, 東京.

水本邦彦 2003. 草山の語る近世. 山川出版社, 東京.

水本邦彦 2014. 江戸時代の山野と草肥農業. 群馬歴史民俗研究会編, 歴史・民族からみた環境と暮らし, 岩田書院, 東京. 11-32.

森泰三 2014. GISで楽しい地理授業. 古今書院, 東京.

鳴海邦匡 2007. 近世日本の地図と測量―村と「廻り検地」―. 九州大学出版会, 福岡.

小椋純一 2012. 森と草原の歴史―日本の植生景観はどのように移り変わってきたのか. 古今書院, 東京.

太田猛彦 2012. 森林飽和―国土の変貌を考える. NHK出版, 東京.

パルテノン多摩 2006. 多摩の里山～「原風景イメージ」を読み解く～. パルテノン多摩, 多摩市.

斎藤多喜夫 2004. 幕末明治横浜写真館物語. 吉川弘文館, 東京.

須賀丈・岡本透・丑丸敦史 2012. 草地と日本人―日本列島草原一万年の旅. 築地書館, 東京.

杉本智彦 2012. 改訂新版カシミール3D パーフェクトマスター編. 実業之日本社, 東京.

杉山伸也・山田泉 1999. 製糸業の発展と燃料問題―近代諏訪の環境経済史. 社会経済史学, 65：3-23.

武井弘一 2015. 江戸日本の転換点―水田の増減は何をもたらしたか. NHK出版, 東京.

所三男 1980. 近世林業史の研究. 吉川弘文館, 東京.

徳川林政史研究所 2012. 徳川の歴史再発見森林の江戸学. 東京堂出版, 東京.

徳川林政史研究所 2015. 徳川の歴史再発見森林の江戸学Ⅱ. 東京堂出版, 東京.

養父志乃夫 2009a. 里地里山文化論上―循環型社会の基層と形成. 農山漁村文化協会, 東京.

養父志乃夫 2009b. 里地里山文化論下―循環型社会の暮らしと生態系. 農山漁村文化協会, 東京.

湯本貴和・松田裕之・矢原徹一 2011. 環境史とは何か. 文一総合出版, 東京.
財城真寿美・三上岳彦 2013. 東京における江戸時代以降の気候変動. 地学雑誌, 122：1010-1019.

第3章
山を登る雑草
―白山国立公園の高山・亜高山帯に侵入したオオバコの影響と対策―

中山 祐一郎
大阪府立大学大学院人間社会システム科学研究科

「雑草」という言葉の意味は，使う人の立場や使われる場面によって異なるが，植物としての性質からは「人間によってつくられた環境に自生して，自己繁殖している植物」と定義できる（山口，1997）．人為環境下に自生する雑草という植物の生物学的・生態学的特性（雑草性 weediness）がどのようなもので，その特性がなぜ獲得されたかを明らかにするのが雑草生物学 weed biology という分野であり，その特性を逆手にとって雑草を制御しようとするのが雑草管理 weed management という分野である．このような雑草に関する基礎から応用までの科学を担っているのが雑草学 weed science である．

人間生活の多様化，活動域の拡大や土地利用の増大に伴い，低地の人里や農耕地を本来の生育場所としてきた雑草の生育地も多様化している．雑草は，山岳域を観光などのレクリエーションに利用するための道路や諸施設の建設に伴い，1970年前後から高山・亜高山帯（以下，高山とする）にも分布を拡大しはじめた（表3.1：Tachibana, 1968；菅原ら，1972；柴田，1985；尾関・井田，2001；吉田ら，2002；野上・吉本，2013）．面積の多くが国立公園に含まれる高山では，薬剤や除草機を用いた雑草防除や，頻繁な手取り除草は困難である．また，高山の環境が観光のための資源として重要性を増してきている現在では，人間の活動を禁止・抑制するような保護策も現実的ではない．このような，自然度の高いフィールドではあるが，近年では人が頻繁に活動する場となっている高山における植

（ 38 ）

表 3.1　亜高山帯・高山帯へ侵入した雑草の例

八甲田山（Tachibana, 1968）
高山帯（1585m）：スズメノカタビラ,オオバコ
蔵王連峰・刈田岳（菅原ら, 1972）
山頂部（1759m）：スズメノカタビラ,オオバコ
立山（吉田ら, 2002）
室堂平（2200m〜2520m）：スギナ,スズメノカタビラ,カモガヤ,ナガハグサ, 　　　オオアワガエリ,フキ,フランスギク,セイヨウタンポポ,エゾノギシギシ, 　　　シロツメクサ,オオバコなど16種
乗鞍岳（尾関・井田, 2001）
亜高山帯（1600m）〜<u>高山帯</u>（2700m）：<u>オオアワガエリ</u>, <u>オオバコ</u>,カモガヤ, 　　　クサイ,コヌカグサ, <u>シロツメクサ</u>, <u>スズメノカタビラ</u>,ヨモギなど45種
白山（野上・吉本, 2013）
亜高山帯（2080m）：オオアワガエリ,オオバコ,外来性タンポポ種群,フキ, 　　　シロツメクサ,スズメノカタビラなど12種類 　　　高山帯（2450m）：オオバコ*,外来性タンポポ種群, フキ, シロツメクサ, 　　　スズメノカタビラ 　　　山頂直下（2700m）：スズメノカタビラ*

*：除去により根絶，現在では分布していないと考えられる.

生・生態系管理は，雑草学が対峙すべき新たな課題であると考えられる.

　白山国立公園は，石川，岐阜，福井および富山の4県にまたがる白山連峰（以下，白山とする）からなる. 平成27年4月に農林水産省, 国土交通省, 環境省の三者で策定された「白山国立公園白山生態系維持回復事業計画」では, 人為によって意図的・非意図的に持ち込まれることにより, その自然分布域を超えて存在することになった植物を白山の「外来植物」と定義している（環境省中部地方環境事務所, 2013）. 白山の外来植物のうち, 標高2000 m以上では14種（あるいは種群）が確認されており, そのうちの12種は雑草である（表3.1）. 種によって分布パターンは異なり, オオバコ（図3.1）やスズメノカタビラのように広域に分布するものもあれば, オオアワガエリのように1箇所にのみ分布しているものもある（野上・吉本, 2013）.

　本稿では, 白山に侵入した雑草のなかでもとくに分布域が広く個体数も多いオオバコを例に, 分布の現状を紹介し, 生態系へ影響を及ぼす（とくに高山植物ハクサンオオバコとの交雑）に至ったプロセスを考察し, 高山における雑草対策について考える機会としたい.

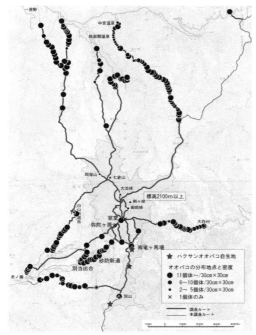

図 3.1 白山におけるオオバコ
とハクサンオオバコの分布
(野上, 2009 を一部改変して作成)

1. 白山のオオバコ

　オオバコは，東アジアの温帯域に広く分布する多年草で，日本では低地の路傍や空き地などの人為攪乱地に生育する在来種である．白山におけるオオバコの分布の最高地点は，1975 年までは標高 1950m であった（石川県環境部環境保全課・石川県白山自然保護センター, 1977）．しかし 1976 年には標高 2100 m の南竜ヶ馬場でオオバコの生育が確認され（石川県環境部環境保全課・石川県白山自然保護センター, 1977), 2003 年にはオオバコの個体密度が増加していた（野上, 2003）．また, 2005 年には高山帯にあたる標高 2400 m 前後の数地点でもオオバコの生育がはじめて確認された（中山ら, 2005）．このように，オオバコは日本の在来種でありながら，高山にはもともと分布していなかったことから，高山帯では「国内由来の外来種」として扱われている（環境省ら, 2005；環境省中部地方環境事

図3.2 白山の亜高山帯・南竜ヶ馬場におけるオオバコとハクサンオオバコの分布

務所,2013).オオバコと同属のハクサンオオバコは,日本海側の亜高山帯の湿った草地にのみ生育する日本の固有種で,石川県では白山の限られた場所にのみ分布することから絶滅危惧Ⅱ類に選定されている(石川県絶滅危惧植物調査会,2010).

　白山の南竜ヶ馬場は,御前峰(標高2702 m)と別山(標高2399 m)の鞍部にある平坦地である.南竜ヶ馬場には山荘や野営場があり,毎年7月~10月の登山シーズンにおよそ6000~7000人の登山客が宿泊する.南竜ヶ馬場では,オオバコは山荘周辺と野営場の裸地化した場所や歩道に生育している(図3.2).ハクサンオオバコは人の立ち入りが制限された複数の湿原に分布するが,野営場や歩道脇にも生育している(図3.2).野営場の植生は,踏みつけや草刈りの程度に対応して,裸地からショウジョウスゲやイワイチョウ,ハクサンオオバコなどの湿原群落の構成種,ニッコウキスゲやコバイケイソウ,タテヤマアザミなどの高茎草原の構成種,そしてチシマザサへと連続的に変化する.その中でも踏みつけが

第3章　山を登る雑草　（41）

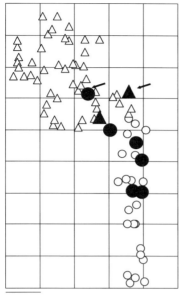

図3.3　南竜ヶ馬場の野営場の1地点における オオバコ，ハクサンオオバコおよび雑種個体の分布（田中, 2008 を一部改変して作成）
△：ハクサンオオバコ，○：オオバコ，
▲：雑種（母親がハクサンオオバコ），
●：雑種（母親がオオバコ），
→：非 F_1 の雑種個体

とくに強くて高山植物の被度や草高が低くなった部分にオオバコが侵入しており，ハクサンオオバコと隣接して生育する地点もある（中山, 2006）．この地点を中心に，オオバコとハクサンオオバコの雑種が生育していることが，2007年の調査で確認された（図3.3）．

　南竜ヶ馬場で採取した240個体について，種や雑種を区別できる2つの核遺伝子マーカーと1つの葉緑体遺伝子マーカーの組み合わせ（遺伝子型）を調べたところ，26個体が雑種と判定された（中山・佐野, 2015）．これらのうち，葉緑体遺伝子マーカーがハクサンオオバコ型を示した雑種は3個体で，23個体はオオバコ型であった．このことは，オオバコとハクサンオオバコのどちらを種子親とした場合でも雑種形成が起こることを示している．また，雑種第一代（F_1）であれば，2つの核遺伝子マーカーは雑種型を示し，葉緑体遺伝子マーカーはオオバコ型かハクサンオオバコ型かのいずれかであると期待される．このような遺伝子型はそれぞれ2個体と14個体で見られたが，残りの10個体からはこれらとは異なる6

種類の遺伝子型が検出された．このことは，オオバコとハクサンオオバコの交雑によって生じた F_1 が，自殖や戻し交雑を行うことによって繁殖していることを示唆している．

　雑種はハクサンオオバコとオオバコが同じ場所に生えるようになったからできたわけであるが，先に述べたように，オオバコはもともとこの地にあったわけではない．次の節では，オオバコとハクサンオオバコが出合い，交雑するに至ったプロセスを考えてみる．

2. 白山におけるオオバコとハクサンオオバコの雑種形成のプロセス

（1）裸地の形成と種子の持ち込み

　南竜ヶ馬場の野営場は，1960年代にチシマザサ草原を伐り開いて作られた（石川県環境部環境保全課・石川県白山自然保護センター，1977）ため，それ以前にはこの場所にオオバコはもちろん，ハクサンオオバコも生育していなかったと考えられる．チシマザサ草原が野生場の造成にともなって裸地化した後，まず周囲からハクサンオオバコを含むさまざまな高山植物が入ってきて定着したようである（石川県環境部環境保全課・石川県白山自然保護センター，1977；辰巳・菅沼，1978）．さらにその後，野営場の拡大や山荘などの建設が行われる過程でオオバコが侵入し，定着した．このようなことから，オオバコとハクサンオオバコが同所的に生育する現在の状態は，ハクサンオオバコの生育地にオオバコが侵入することによってできたのではなく，もともとチシマザサ以外の植物がほとんど生え

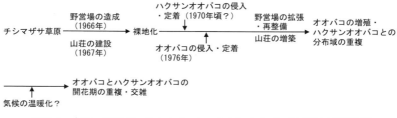

図3.4　南竜ヶ馬場おいてオオバコとハクサンオオバコが交雑に至る過程

ていなかった環境を人がつくりかえて，高山植物も雑草もともに生育できる場にしたことによって生じたと考えられる（図3.4）．つまり，人がハクサンオオバコとオオバコの出合いの場をつくったわけである．

その出合いの場にオオバコの種子を運んだのが登山客である，と言われることがある．たしかにオオバコの種子は水に濡れると粘るため，登山靴などに付着して運ばれることもある．しかし，オオバコは標高の高い場所では8月頃から開花を始めて9月末以降に結実するので，多くの登山客が訪れる盛夏には登山口や登

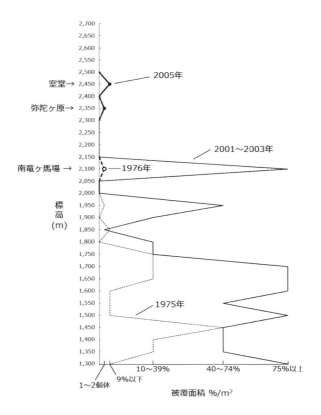

図3.5 白山の砂防新道（別当出合〜室堂）および南竜ヶ馬場におけるオオバコの個体密度の変化（野上，2009を一部改変して作成）

山道ではまだ種子をつけていないことが多い（中山，2006）．秋にも日帰りの登山客は多く，また秋に落下した種子が翌年の夏に運ばれる可能性もあるが，オオバコの種子を運ぶのは登山客のみではない．

　オオバコは，1975 年には登山口から標高 1950 m まで連続的に分布していたので，登山客が種子を運ぶことによって少しずつ山を登っていったとも考えられるが，翌年の 1976 年には分布高度が約 150 m も上昇し，不連続な分布となった（図3.5；野上，2009）．それから 2003 年までの間に，それぞれの場所での個体密度が高まるものの，依然として分布の最高高度は変わらなかったのが，2005 年になって再び約 200 m〜300 m も分布高度が上昇し，その間ではやはり分布が不連続になっている（図 3.1,3.5）．そして，オオバコが新たに出現した場所は，ほぼ例外なく新築された建物の周りや木道，登山道の補修跡であった．これらの改修や補修のための資材はヘリコプターで荷揚げされるが，山地帯にあるヘリポートにはオオバコなどの雑草がたくさん生えている（中山，2006）．これらのことから，白山のオオバコは，ヘリコプターで空輸される資材に付着した種子が高山へと運ばれることによって，分布高度を一気に高めたのだと考えられる．

（2）オオバコの種子繁殖

　しかし，オオバコの種子がヘリコプターで運ばれるとしても，雑草の種子の入った土を大量に運び入れることはないので，多数の種子が一度に持ち込まれるとは考えにくい．そのため，オオバコは少数の侵入個体から種子繁殖によって個体数を増やすことのできる特性を持っていると考えられる．一般に，長距離分散する種は交配相手が少なくなるため，1 個体でも種子繁殖できる自殖性のものが多い（Baker 1955; Barrett et al. 2008）．しかし，牧野富太郎（1944）は，オオバコの花は雌蕊が先に熟す雌性先熟で，雌蕊が萎れてから雄蕊が出て花粉を散らすので，自家受精を営むことができないと述べている．そこで，オオバコを栽培して花の咲き方を調べてみた（Sano et al., 2016）．すると，たしかにオオバコの花は雌性先熟であるが，雌蕊が枯れる前に雄蕊が出て葯が裂開する花が 1 本の花序あたり 73.0 ％あることが分かった（図 3.6）．また，花序につく下位の花から求頂的に開花するので，同じ花序につく花の間での受粉（隣花受粉）も起こり得る．このような花は 1 本の花序あたり 99.7 ％あった．さらに，1 本の花序に袋掛けを

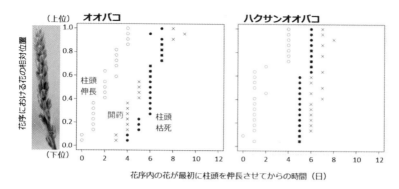

図 3.6 オオバコとハクサンオオバコのある1本の花序における開花習性
(Sano *et al*., 2016 を一部改変して作成)

した場合の結果率は 100％であり，白山の自生地における結果率も高かった．オオバコは自家受精によって種子繁殖する能力をもっているので，高山に侵入した個体が1本でも花序を付ければ，そこで増殖できるのである．

一方，ハクサンオオバコでは自花受粉や花序内での隣花受粉の機会はきわめて低かった（図3.6）．そのため，ハクサンオオバコは群生して一斉に開花する必要があるのだろう．ハクサンオオバコが他花受粉しやすいということは，オオバコの花粉を受ける機会をもっているとも言える．また，オオバコは，自家受粉しやすいものの，個々の花は雌性先熟であるため，他花受粉の機会ももっており，ハクサンオオバコの花粉を受けることもできる．南竜ヶ馬場の野営場で双方向での雑種形成が起こっていることは，オオバコとハクサンオオバコの開花習性から矛盾なく説明できるのである．

(3) オオバコとハクサンオオバコの開花期の重複

南竜ヶ馬場の野営場のように，ハクサンオオバコとオオバコが同所的に生育している場所でも，両種の開花期が異なれば交雑することはない．高山植物には雪解けとともに花を咲かせるものが多く，ハクサンオオバコもこのような咲き方をする．一方，オオバコは雪解けから開花するまでに1ヶ月以上かかるので，オオバコとハクサンオオバコの開花期は重ならないように思われる．そこで，2011年

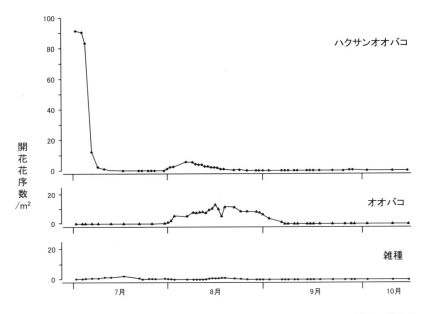

図 3.7　南竜ヶ馬場の野営場におけるハクサンオオバコ，オオバコおよび雑種の開花量の季節変化（中山・佐野., 2016 を一部改変して作成）

の 7 月 3 日から 10 月 16 日にかけて，南竜ヶ馬場に長期滞在して花の咲き方を詳しく観察した（中山・佐野, 2015）．

予想どおり，ハクサンオオバコは雪解け直後の 7 月上旬に多くの花を咲かせた後，7 月中旬には開花を終えた．しかし，8 月上旬に，再び花を咲かせる個体のあることがわかった（図 3.7）．一方，オオバコは 8 月上旬から 9 月上旬にかけて咲き続けた．そして，オオバコの開花期とハクサンオオバコの 2 回目の開花期が重なっていた．

このように，ハクサンオオバコとオオバコの開花期が重なるのは，ハクサンオオバコが 1 シーズンに 2 回咲くという，高山植物でもあまり報告されたことのないめずらしい性質によるのだということがわかったわけだが，ではどうして 2 回咲くのであろうか．そのことを，温度や光をコントロールできる人工気象器で育てて調べてみた（佐野ら，未発表）．すると，栽培条件でもハクサンオオバコは 2

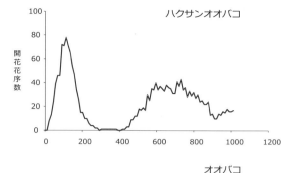

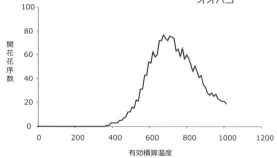

図 3.8 栽培条件（20℃・15h・明/10℃・9h・暗）下でのハクサンオオバコとオオバコの開花花序数の推移（佐野ら，未発表）

回咲き，2 回目の開花期に重なるようにオオバコが咲いた．温度を変えて育ててみると，高温条件で開花の時期が早くなったので，花の咲く時期は気温に影響されるようだ．開花に必要な温度条件は，有効積算温度という数値で表すことができる．これは，5 ℃を植物の生育が止まる生育ゼロ点として，平均気温と 5 ℃との差を，平均気温が 5 ℃を上回る日について足し合わせた値である．有効積算温度と開花花序数の関係を見ると，ハクサンオオバコが経験する温度が日に日に蓄積していって，約 400 ℃になると 2 回目の開花が始まり，それはオオバコの開花が始まるのとほぼ同じだということが分かった（図 3.8）．

　オオバコは雪解け後にまず葉を展開し，それから花芽を形成するので，開花期が遅くなる．ハクサンオオバコは越冬前に花芽を形成し，その花芽が翌年の雪解け直後に成長して開花する．その後，夏の間に次の花芽を形成するのだが，花芽形成後の気候が温暖だと，当年中に花芽が成長して 2 回目の開花をするようだ．

（ 48 ）

そのため，雪解け時期が早く，夏の気温が高い年には，ハクサンオオバコの 2 回目の開花期とオオバコの開花期が重なり，交雑が起こると考えられる．積雪が少なく，暑い夏ほど雑種のできる機会が多くなるのであれば，ハクサンオオバコとオオバコの雑種形成は，近年の温暖化によって引き起こされたのかもしれない．

3. 白山における雑草対策

　雑草の管理には，雑草の全滅，抑圧，予防の 3 つが含まれる（伊藤, 1993）．白山での雑草対策としては，2004 年からボランティアの手取りによる除去作業が実施されている．これによって高山帯のオオバコを全滅させることができた．しかし，個体数が非常に多い亜高山帯の南竜ヶ馬場では，全滅を目指すのではなく，許容限界量以下に抑える「抑圧」が現実的だと思われる．オオバコは個体あたりの花数や果実あたりの種子数がハクサンオオバコよりも多いが（Sano et al., 2016），生育期間の短い高山では繁殖の成功率は低く，繁殖可能な個体の死亡率も高い（佐野ら，未発表）．そのため，除去を継続すれば個体数は減少していくと期待される．このことを検証するために，「白山国立公園白山生態系維持回復事業計画」の一環として，2016 年から定点観測が開始された．

　また，新たな雑草の侵入や拡大を阻止することを目的とした予防措置としても，種子除去マットの設置などのさまざまな取り組みを行っているが，登山道や野営場，山荘などの補修作業に伴う裸地の形成と資材の空輸が続く限り，オオバコの侵入の機会はなくならない．温暖な年にはオオバコは定着して種子繁殖し，ハクサンオオバコと交雑することが何度も起こるだろう．雑種の繁殖成功率と繁殖可能な個体の生存率はオオバコよりも高く，種子生産数はハクサンオオバコよりも多い．また，雑種は 7 月上旬から 9 月下旬にかけて断続的に開花し，その開花期はハクサンオオバコの 2 回の開花期と重複するので（図 3.7），雑種とハクサンオオバコとの戻し交雑も起こりやすい．戻し交雑を繰り返すと，姿形や性質がハクサンオオバコにより似かよった雑種ができて（浸透性交雑），今は野営場にしかない雑種がハクサンオオバコの本来の生育地である湿原にまで広がってしまうおそれがある．したがって，今後は雑種の増加や浸透性交雑にも対処する必要がある．

第 3 章　山を登る雑草　　（ 49 ）

　雑種の形成や増殖を防ぐためには，野営場の一部を無植生の裸地として管理することもひとつの考え方である．つまり，チシマザサの草原を伐開して裸地にした当初の姿にリセットするわけである．この場合，ハクサンオオバコもその場から排除されることになる．このような管理を行うためには，周囲にハクサンオオバコの健全な個体群が維持されていることが前提となる．このことを検討するために，2016 年の夏に，南竜ヶ馬場周辺でのハクサンオオバコ個体群の調査を行った．結果はこれから取りまとめることになるが，幸い，ハクサンオオバコを含む大規模な群落を確認することができた．そこには人の踏み跡はなく，自然にできた裸地にも雑草は侵入していなかった．

　高山では，登山客の出すゴミや排泄物が，大きな環境問題になっている．しかし，白山の南竜ヶ馬場では，ゴミの持ち帰りの徹底や，浄化槽の設置，ヘリコプターによる搬出などにより，ゴミや排泄物の問題はほぼ解決されている．水も豊富で，とても快適に過ごすことができる．そのため，この地を訪れて，環境の悪化や自然破壊を感じることはほとんどないと思われる．しかし，足元に繁茂する雑草は，高山へ与える人の影響が，もう限界に来ていることを教えてくれている．

　自然の中に人が足を踏み入れると，道ができる．道とは，長く延びた裸地である．裸地にすばやく入り込み，そこを緑に変えるのが雑草のもつ植物としての性質である．高山に裸地を作るのも，そこに雑草の種子を持ち込むのも，人の行為である．雑草は，人が高山に残した足跡なのである．

　高山で雑草を見かけたら，それは自分の足跡を見たのだと思ってほしい．そしてその足跡がどうしてついたか？ついた足跡をどうすればよいか？を考えてみてほしい．それが，登山を楽しみながら，高山の生態系の維持・回復をはかるという，相反する課題を解決するのに必要なはじめの一歩だと思う．

引用文献

Baker, H.G. 1955. Self compatibility and establishment after long distance dispersal. Evolution 9; 347–349.

Barrett, S.C.H., Colautti R.I. and Eckert C.G. 2008. Plant reproductive systems and evolution during biological invasion. Mol. Ecol. 17; 373–383.

石川県環境部環境保全課・石川県白山自然保護センター　1977. 自然公園地域環境容量設定手法研究報告書―白山地域ケーススタディ―. 石川県環境部環境保全課・石川県白山自然

保護センター. 1－93.

石川県絶滅危惧植物調査会 2010. 改訂・石川県の絶滅のおそれのある野生生物 いしかわレッドデータブック〈植物編〉2010. 石川県環境部自然保護課, 金沢市, 385.

伊藤操子 1993. 雑草管理―総論―. 雑草学総論, 養賢堂, 東京, 238－266.

環境省・農林水産省・国土交通省 2015. 外来種被害防止行動計画～生物多様性条約・愛知目標の達成に向けて. http://www.env.go.jp/press/files/jp/26646.pdf, 62－64.

環境省中部地方環境事務所 2013. 白山生態系維持回復事業が目指すこと. 国立公園 718: 16－19.

牧野富太郎 1944. 野外の雑草. 続植物記, 桜井書店, 東京, 247―257.

中山祐一郎 2006. 白山での雑草問題を考えるために. はくさん 34(3); 7－12.

中山祐一郎・野上達也・柳生敦志 2005. 白山高山帯・亜高山帯における低地性植物の分布について（4）高山帯および亜高山帯上部で新たに確認されたオオバコの分布. 石川県白山自然保護センター研究報告 32: 9－15.

中山祐一郎・佐野沙樹 2015. ハクサンオオバコとオオバコの雑種について. はくさん 43 (1); 2－6.

野上達也 2003. 白山高山帯・亜高山帯における低地性植物の分布について（3）. 石川県白山自然保護センター研究報告 30: 7－13.

野上達也 2009. 外来植物・低地性植物が高山帯に現れる. 日本アルプス・富士山・研究室発 高山帯の自然は今・・・―そしてその未来は・・・？―, 市立大町山岳博物館, 大町, 36－47.

野上達也・吉本敦子 2013. 白山の自然誌 33 白山の外来植物. 石川県白山自然保護センター, 白山市, 1―26.

Sano, S., Y. Nakayama, K. Ohigashi, T. Nogami and A. Yagyu 2016. Flowering behaviors of the inflorescences of an alien plant (*Plantago asiatica*), an alpine plant (*P. hakusanensis*), and their hybrids on Mt. Hakusan, Japan. Weed Biology and Management 16: 108―118.

柴田治 1985. 高地植物学. 内田老鶴圃, 東京, 110―114.

Tachibana, H. 1968. Weed invasion upon the mountain areas in Mt. Hakkoda. Ecological Review 17: 95―101.

田中寛人 2008. 白山の亜高山帯におけるオオバコとハクサンオオバコの雑種形成. 大阪府立大学大学院生命環境科学研究科応用生命科学専攻修士論文.

辰巳博史・菅原孝之 1978. 白山南竜ヶ馬場のハクサンオオバコ群落について. 石川県白山自然保護センター研究報告 4: 41―46.

菅原亀悦・信濃豊子・飯泉茂 1972. 蔵王エコーライン沿いの裸地に侵入した植物の生態調査. 吉岡邦二編, 蔵王山・蒲生干潟の環境破壊による植物群集の動態に関する研究Ⅰ, 東北大学, 仙台, 34―44.

吉田めぐみ・高橋一臣・加藤治好 2002. 立山室堂平の維管束植物相―立山室堂平周辺植物調査報告書―1999―2000. 富山県中央植物園・富山県立山センター編, 富山県文化振興財団, 富山市, 1―36.

尾関雅章・井田秀行 2001. 亜高山帯・高山帯を通過する車道周辺の植物相および植生生態に関する研究. 長野県自然保護研究所紀要 4（別冊 2）: 27―39.

山口裕文 1997. 日本の雑草の起源と多様化. 山口裕文編著, 雑草の自然史―たくましさの生態学―, 北海道大学出版会, 札幌市. 3―16.

第4章
国立公園等の保護地域における登山，観光と自然保護

山本清龍
岩手大学農学部

1. 国立公園という保護地域

　自然公園法上，国立公園は「我が国の風景を代表するに足りる傑出した自然の風景地（海域の景観地を含む）」を言い，国定公園，都道府県立自然公園と合わせて自然公園として体系化されている．公園は大きく二つに分けられ，一つは，国や地方公共団体などの行政主体が，その土地物件に対する所有権，地上権，貸借権などの権原にもとづいて，直接その用に供する営造物公園であり，もう一つは，行政主体が風景地の保護または利用のため，一定の地域を指定し，その地域内において，風致もしくは景観の維持または公園利用者の利用の妨げとなるような一定の行為を禁止または制限しようとする地域制公園である．後者の地域制公園について言えば，一般的にはこの語が用いられているが「地域指定制公園」と呼称する方が理解しやすい．さて，公園の管理の仕組みを国ごとに概観すると，米国，カナダなどの国々では前者の仕組みをとるものが多く，わが国の国立公園は基本的に後者の仕組みである．そのため，わが国の自然公園制度では，公園内で行われる人間の営み，利用者の行動に対して強い管理施策を実行，推進することが難しいという課題を抱える．この点については，各国の行政の監督官庁の力によって状況が変わるが，日本だけでなくアジア，ヨーロッパ，アフリカなど数多くの国に共通する課題であり，公園内の人の営みをどのように管理，コントロ

ールするかはかなり大きい論点である．わが国では，国立公園や保護地域内に人が居住し，生業を含めた生活文化が形成されているため，これらをどのようにまもり，自然の中で人の存在を是とする感覚，自然との調和を目指してきた国民性，風土とどのように折り合いをつけるかを考えなければならない．

2. 国立公園等の保護地域に生起する問題

美しい風景を見たい，珍しい動物，植物を見たいといった期待は誰しもが持ちうるものである（図-2.1）．しかし，優れた自然風景地において一人佇み自然の野趣を堪能することを期待として持つとすれば，他のたった一人の利用者の存在すら否定的に捉えてしまうことが考えられる（図-2.2）．この事実は，訪れる利用者の期待が個人々々において多種多様であり，場合によっては利用者の期待と他の利用者のそれが対立関係を生じさせる可能性を示唆する．日本の自然公園のうち，わが国の景観を代表し世界的にも誇りうる傑出した風景地として指定された国立公園は，それが持つ魅力ゆえに自ずと多くの利用者を受け入れてきた．例えば，自然公園の中には山岳観光地とも呼ばれる来訪者数の多い地域があり，近年の統計資料をみると，富士山の五合目以上に一年間で約 424 万人（山梨県，2016），尾瀬国立公園地域内で約 33 万人（環境省，2015），上高地の公園区域内

図-2.1 米国ヨセミテ国立公園グレイシャーポイントからの雄大な自然景観
ヨセミテ国立公園は米国でも来訪者数の多い国立公園であり，週末には展望台や来訪者へサービスを提供する施設が混雑する．

で約124万人（長野県，2015）が訪れている．こうした状況の中で，これまでに過剰利用に起因する多くの問題が指摘されてきた．水域の富栄養化や人の不用意な入り込みによる他地域の生物の移入の問題，踏みつけによる植生破壊，ゴミ問題，屎尿問題，多数の人がいることによって静かに自然が楽しめない状況が生じる問題，などである．

　過剰利用に関わる問題は大きく分けて二つに分類できる．一つは自然資源が受ける影響であり，前述の周辺水域の富栄養化や他地域からの生物の移入問題，ゴミ，屎尿の問題は典型的な例である．二つ目は人が受ける影響であり，人が自然資源に与える影響を目にすることによって生じる不快感や，前述した多数の人の存在によって静かに自然が楽しめないなどの影響である．その中には，自然を介して人が人に与える影響と，自然を介することなく人から人へ直接与える影響があると考えられる．

　他の見方をすれば，自然資源が受ける影響は目に見える物理的な問題として捉えることができ，人が受け取る影響は目に見えない心理的な問題として捉えることができる．この後者の問題が目に見えないという特徴を持つことから，問題があるという事実を指摘されることが少なかった上に，自然公園の計画における思想や技術，方法論の構築の過程で議論されることも少なかった．その一方で，多

図-2.2　米国オリンピック国立公園の海岸を散策する公園来訪者
静かに自然を楽しみたいという公園利用者の期待があると考えられる場所．

くの利用者を受け入れてきた自然公園にはこれまで重要な原則があったと思われ，2002 年の自然公園法の改正を巡る議論にそれまでの大原則を見ることができる．例えば，加藤（2003）が指摘したように，「誰もが・何時でも・何処でも・自由に利用できる」という「自由利用の原則」がそれである．確かに，土地所有の形態が多様な地域を公園として指定しているわが国では，自然を利用するための新たなルールの導入には困難があったと考えられる．

しかし，原則として自由な利用を認めるとしても，その自由とは際限の無い自由ではなく，利用者の環境配慮意識やその意識にもとづく行動等によって適正な利用が行われることが前提となろう．また，個人々々において，そのような意識のある行動が行われた場合でも，多数の利用者の存在によってやむなく生じる負の心理があると考えられる．

3. 混雑による期待阻害

富士山（図-3.1）についてはよく「登らない馬鹿，二度登る馬鹿」と言われる（例えば，有山，2006）．この言説自体はいつに始まったものなのか定かではなく，その意味するところも曖昧であるが，その大意は，富士山が一度は登ってみたい山であるということであろう．確かに，近年の富士登山者を対象にした調査事例（例えば，山本ら，2004）を見ると，約 7 割が初めての登山者で占められ文字

図-3.1　写真-3　西湖から富士山
富士山は遠景を楽しむ山でもあるが，登山によって得られる近景，体験にも魅力がある．

通り一度だけ登る山となっており，富士山における登山の現状，態様が言説に従う結果となっている．もちろん，信仰の対象として機能してきた富士山の歴史的な側面からこの言説についての試論を深めることもできるが，別の見方をすれば，富士山は一度は登る山であるが，二度は登らない理由のある山，二度目から何かを期待することができない山という意味にも捉えられる．一方，「いまどきの富士山には一切近づかないほうがいい，がっかりするだけだから，と何人ものひとから忠告を受けていた．…中略…うっかり近づかないように気をつけつづけていた．」と記した津島（1996）の随筆は，そもそも富士山に訪れる前から期待阻害が生じることを指し示している．この津島の例は極端な例かもしれないが，以上の言説や記述から，仮説として，富士登山において登山行動に影響を与える何らかの期待阻害があること，登山前においても何かしらの期待阻害があることが導かれる．そこで，富士登山に対する期待と期待阻害を把握することを企図して調査票を構成し，2006 年 8 月 2 日から 29 日までの平日（月曜日から金曜日の各 1 日）および週末（土曜日）の計 6 日間，富士山麓の 4 つの道の駅「富士吉田」「かつやま」「なるさわ」「朝霧高原」と鉄道の駅「河口湖駅」において無作為にアンケート調査票を配布した．配布にあたっては，18 歳以上の公園利用者に調査の趣旨を説明した上で，同意を得た者に自宅において記入後郵送して頂けるよう依頼した．このような調査方法を採用した理由について述べると，そもそも，富士山の五合目で下山者に依頼するといった通常のアンケート調査では，富士山に登らない理由を抱える人を捉えることができない．つまり，映画館の前で鑑賞者に映画に対する嗜好を聞いたとしても，映画が嫌いな理由を回答してもらい，検討することが難しいのと同様である．

　もっとも，本当に映画が嫌いという人はかなり少数と思われるが，そうした場合には，場所に限定されずに調査が実施できる Web アンケート調査，世論調査のような調査方法が相応しい．さて，本題に戻ると，富士山の登下山道から少し離れた道の駅において調査を実施することで富士山には登らないが富士山周辺へ訪れる人，富士山に登る可能性のある人を捉えることができる．Kuentzel and Herberlein（1992）の知見（図-3.2）を参考に，調査の趣旨，目的に沿って言うならば，すでに期待が阻害されその自然公園を訪れないように行動で対処した

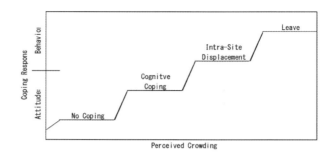

注）Kuentzel and Herberlein（1992）をもとに作成
図-3.2 階層的対処モデル（Hierarchical Coping Model）

（Leave）人は調査対象外であり，期待が阻害され目的地を自然公園内で変更した（Intra-Site Displacement）人や心理的に対処した（Cognitive Coping）人，期待が阻害されても対処しなかった（No Coping）人，期待が阻害されるまでには至らなかった人が調査対象として捉えられたと考えられる（図-3.3）．5つの調査地点において1,648通を配布した結果，498通の調査票を回収し，その回収率は約30％であった．まず，498人から得た今後の富士登山において期待すること（自由回答），登りたくない理由（自由回答）の記述から，期待と期待阻害の内容を吟味し，解釈が困難なものを分析対象外として345の記述を抽出した上で，2つ以上の意味内容を含むものを分割した結果569の期待を得た．

なお，分析対象外となった記述の多くは富士山の世界遺産登録に対する意見を述べるものであり，富士山を取り巻く社会状況への関心の高さを示すものと考えられるが，内容そのものは登山に対する期待との関連は小さいと判断し除外した．

次に，期待に関する記述

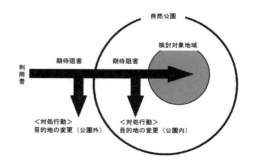

図-3.3 期待阻害と対処行動の概念図

第4章　国立公園等の保護地域における登山，観光と自然保護　　（ 57 ）

は「自然を満喫したい」のように積極的，肯定的に記述される場合と「自然が荒らされていないこと」のように否定的な側面の除去を意味する内容として記述される場合がある．一方，期待阻害に関する記述は「自然が荒らされているから」のように否定的な意味を含むものが大半を占めるが，いずれも自然の状態あるいは自然体験の獲得の期待に関する記述であり，三者を同じ情報として扱うことが可能である．このような方法，過程を経て，富士登山に対する期待は，①公園資源の享受，②野趣性・独居性の保持，③適切な対人関係の構築，④情報や施設の円滑な利用，⑤清潔・快適な空間の利用，の5

表-3.1　富士登山者の期待

①公園資源の享受	202
例）　高山植物を見ること	
日本の最高峰に登ること	
景観・風景を見ること	
②野趣性・独居性の保持	31
例）　人が少ないこと	
静かに楽しめること	
混雑しないこと	
③適切な対人関係の構築	24
例）　他の利用者のマナーが良いこと	
家族で登ること	
会う人から話を聞くこと	
④情報や施設の円滑な利用	54
例）　登山道・トイレ等の整備	
落石がなく安全に登ること	
登山ルートに関する情報提供	
⑤清潔・快適な空間の利用	108
例）　登山道がきれいなこと	
トイレが清潔であること	
富士山がきれいであること	
○健康・体力・興味	150
例）　健康状態が良いこと	
自分に体力があること	
合計	569

注）自由回答の記述内容について，その意味内容からグループ別に把握（複数回答）（有効回答者数＝345人）

つのグループに類型分類できた（表-3.1，図-3.4）．登りたい，登りたくないなどの今後の登山意向との組み合わせによる分析結果（図-3.5）から，自分自身の健康・体力・興味の低下が否定的登山意向につながることに加え，とくに，②野趣性・独居性の保持の期待において期待阻害の割合が多く，今後の登山に対して否定的な意向が多かった（山本，2007）．

　自分自身の健康・体力・興味の低下が否定的登山意向につながることは，登山者自身の問題であり，公園の管理計画の問題として捉えることは難しい．それゆえ，野趣性・独居性の保持の期待阻害は大きな問題であり，現行の自然公園の管理，制度において，野趣性や独居性を求める利用者の期待をまもるための具体的な施策を講じることができるのか，また，そもそも公園の管理計画にこうした期待を充足させていくことを位置づけていくべきなのかなど，制度の原理，原則に関わる議論が必要である．

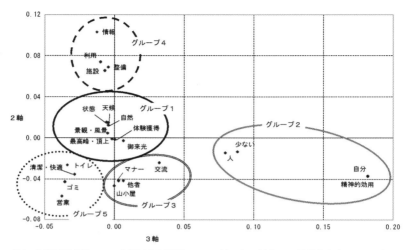

注）有効回答者数 345，分析対象記述数 569，1軸から5軸までの累積寄与率は 46.8%.

図-3.4　富士登山に対する期待の分類（数量化Ⅲ類分析結果）

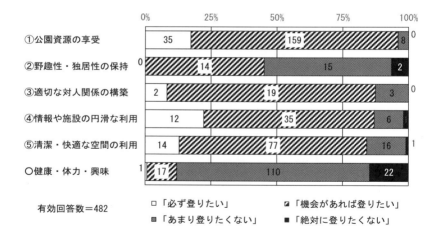

図-3.5　自然公園利用者の期待と富士登山に対する意向

4. 利用の集中を抑制するための方策

　特定の植物の開花期の週末，早朝の登山開始の時間のように特定の時期，時間帯に混雑が発生し，野鳥が飛び立つ水域，展望台のように局所的に多数の来訪者が集まるなど，利用の集中を解消することには独特の難しさがあるものの，近年，問題解決のための方法論が議論されるようになっている．

　2013 年に富士山は世界文化遺産に登録されたが，UNESCO（国連教育科学文化機関）の世界遺産委員会は，登録以前から，約 2 ヶ月あまりの夏季の開山期間中に多数の登山者が登山することを問題として指摘しており，物理的損傷と神聖さの阻害の面から収容力の検討を求めている．また，富士山北麓に位置する自治体の市長は「混雑状況を目の当たりにしている地元として，できる限り上限設定を」と要望している．こうした状況下，静岡，山梨の両県は，2018 年 7 月までに 4 つの主要登山道ごとに 1 日あたりの目標登山者数を定める方針を固めた．すなわち，富士山に登る登山者数の上限設定を決めるということである．この登山者数の上限設定にむけた動きへの反応は様々あり，新聞等のメディアを通じて断片的に伝えられている．例えば，山小屋関係者は「今年（2015 年）は登山者が減って寂しかった．もっと減るのは困る」（富士宮口），「登山を規制できないのだから，どんな目標でも絵に描いたもち」（御殿場口），「目標値だけを追い求めるのは良くない．山小屋を使う人数程度ならば，しっかりと管理もできる.」（須走口），「山をまもるために登山者抑制は必要だが，登山者があまりに減りすぎるのは困る」（吉田口）といった意見，指摘（毎日新聞，2015a；読売新聞，2016a；読売新聞，2016b）である．また，富士山麓の観光事業者では「賛成とは言いにくいが，富士山をまもるためにある程度は必要と思う」（富士宮市土産物店），「目標値の設定により登山者が減少し麓の観光業の売上減につながりかねない」（河口湖観光協会）といった意見（読売新聞，2016a）もある．地域の意志決定は後の課題としても，現時点で合意形成のための取り組みはできておらず，行政においても検討対象となっている登山者の数が規制のための数値なのか，努力目標なのかを明確に態度表明していない（毎日新聞，2015b）．何より，実際の登山者が登山者数の上限設定に関わる議論に対してどのような意向を持っているかはほとんど伝えられ

ておらず，一連の議論，地域の合意形成の中で登山者の意識，意向をどのように取り込んでいくかは重要な課題，論点と考えられる．

そこで，2015年に実際の登山者を対象に登山者数の上限設定に対する意向を聞いてみた（山本，2016）．登山者数の上限を設定することに対する賛否とその理由についてたずねた結果（図-4.1），賛成が50％（232人）で最も多く，反対が25％（117人），分からないと態度を保留した回答が24％（111人）となった．

それぞれの回答選択の理由をみると，まず，賛成理由では，自然環境がまもられるが171人（賛成者232人の74％）で最も多く，登山者数の上限設定による自然環境の保全が期待されていた．次いで，渋滞や混雑の解消（同52％），安全な登山の推進（同46％）が多く，これらの3つの理由で賛成理由（複数回答）の回答全体の70％を占めていた．一方，世界文化遺産の指定意図と関連が深い，文化がまもられる（22％）という回答は少なかった．次に，反対理由では，いつでも登れる山であってほしいという理由が82人（反対者117人の70％）で最も多かった．次いで，週末の日にしか休めないといった状況にある特定の人が登りづらくなる（同27％），上限設定は問題解決にならない（同25％），の回答が多かったが，いつでも登れる山であってほしいという理由は，反対理由の回答全体に占

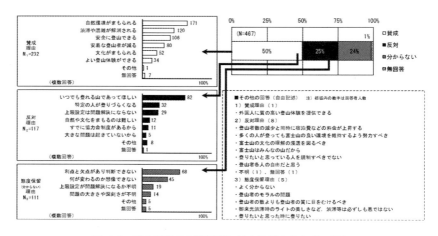

図-4.1 登山者数の上限設定に対する富士登山者の意向

第4章 国立公園等の保護地域における登山,観光と自然保護 （ 61 ）

図-4.2 尾瀬国立公園の牛首分岐から至仏山方向の風景
ミズバショウ期,ニッコウキスゲ期,紅葉期の週末は多くの人が訪れるが,マイカー規制は利用者抑制に一定の効果を見込める.

図-4.3 多数の登山者によって渋滞する富士山吉田口登山道
急勾配の岩場や登山道の道幅が狭くなる場所がボトルネックとなり渋滞が発生する.

める割合が46％と高く,主要な反対理由と考えられた.

　最後に,態度保留の理由をみると,利点と欠点があり判断できないが68人（態度保留者111人の61％）で最も多く,次いで,何が変わるのか想像できない（同41％）という回答が多かった.全体としては,登山者数の上限設定に対して肯定的という結果になったが,気軽さや自由を奪われる登山者にどのように配慮できるか,具体的な管理施策に関する慎重な検討が求められている.

　利用の集中を抑制するための管理施策,すなわち,具体的な方法はすでにいくつかある.まず,マイカー規制は有効な方策の一つであり,尾瀬（図-4.2）では,マイカー規制期間中に規制対象ルートから他のアクセスルートへの分散が促されることが明らかになっている（例えば,田村・青木,2005）.しかしながら,マイカ

一規制の抑制効果は限定的である．例えば，これまでの富士山では規制期間中であっても頂上から八合目付近まで登山道が渋滞し（図-4.3），登山者の山小屋への到着が大幅に遅れる事態だけでなく，急斜面で登山者が将棋倒しになる危険性が生じ，無理に待ち行列を追い越そうと登山道を踏み外すことで落石も発生し，登山者の安全が脅かされる状況が生じている（山本，2010）．それゆえ，利用の集中を抑制するもっと踏み込んだ方法についても検討が必要である．

次に考えられる方法としては，国立公園の入り口にゲートをつくり，先述した登山者数の上限に達した場合にゲートを閉めてしまうというやり方がある．しかし，世界遺産を楽しみたい，国立公園の雄大な風景を堪能したいという来訪者を，まさにその入り口で引き留めるというやり方は下の下策である．利用者の収容力の議論が進展している米国においても，このような方法は用いられておらず，申請者に公園利用の許可証を発行する，船の乗船人数を実際の上限設定として機能させる（図-4.4）などの方法がとられている．許可証を発行する方法は，利用者数の抑制において効果が見込めるため利点があるが，許可証を発行する人が必要となるため，事務手続きをする人件費が必要になるという欠点がある．

そこで，ゲートを開設せず，人を置かない，より安く，お金のかからない方法を紹介すると，米国のアーチーズ国立公園では，利用者が集中しやすい目的地の駐車場の大きさによって，目的地に到達する人数をコントロールしている（図-4.5）．駐車場周辺では駐車待ちの車の行列ができるなどの新たな問題が生起するが，その待ち時間が

図-4.4 翌日の乗船チケットの発行手続き（米国クレーターレイク国立公園）ウィザード島に入島するためには定員のある乗船チケットの入手が必要であり，乗船チケットの発行数が入島者数の上限として機能している．

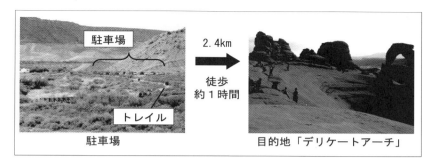

図-4.5 駐車場の大きさによって利用者数を調整する仕組み（米国アーチーズ国立公園）
利用者数の調整にはゲートや管理人が必要となるため，実際には，施設計画（この例では駐車場の大きさ）によってコントロールすることになる．

もったいないと判断した来訪者は他の魅力ある場所へと訪問場所を変更することができるため，公園利用者にとっても利点がある．

わが国においても山岳や国立公園の魅力ポイントには必ずと言ってよいほど駐車場が整備されていることから，利用の集中を抑制したい地域では，駐車場の大きさなど施設計画を検討し，適正な大きさで施設を整備することが有効である．富士山の例では，山梨県側と静岡県側で主要な登山道が4つあり，山麓や五合目に位置する登山口にそれぞれ駐車場が整備されているが，駐車可能な車両の合計台数を一定数に抑制し，マイカーだけでなく登山ツアーバスも駐車場におけるシャトルバスへの乗り換えが義務づけられれば，駐車場の大きさが利用者数の抑制に効果を発揮すると予想される．その他，法的には，2002年に自然公園法の改正に伴って利用調整地区制度が新設され，風致，景観の維持と適正な利用を図るための利用調整地区の指定が可能となっている．立ち入りの認定に際し，利用調整地区ごとに利用者数や滞在日数などの基準を定めることができ，制度適用事例として大台ヶ原（2006年適用，わが国初），知床（2011年度適用）がある．利用調整地区制度の導入の経緯をみれば，適用事例が急増し問題が解決されるほどの状況にはないが，今後の国立公園等の保護地域の管理のあり方を大きく変えていく可能性を持つと考える．

5. 地域指定制公園の有効性

　ここまで述べてきた通り，わが国の自然公園制度では，公園内で行われる利用者の行動に対して強い管理，施策を実行，推進することが難しいという課題を抱えるものの，その特徴からいくつかの有効性，可能性についても言及できる．一つは，入会権など土地所有や権利が複雑なため，公園を核として，関係行政機関や利害関係者と協議して公園計画を含めた地域の将来像を決める仕組みを志向できることである．多数の人が集まり議論することは，当事者の数が多いとよけいにこじれる（Fisher and Ury, 1983）と言われるとおり，厄介な事態を招くが，合議制自体に"民主的"価値がある（亀田，1997）とも言われ，地域の利害関係者の同意によって地域がまとまって一つの方向を目指せる．つまり，分権的なガバナンスにおいて，公園を中心として地域内で連携できる可能性があり，厄介だが面白い取り組みとなることを期待したい．二つ目は，極端な行為規制がないため，公園の歴史や文化の継承の役割を担うことができることである．Visit Japan など観光立国戦略を持つ日本（2012 年閣議決定）にとり，国立公園等の保護地域の自然だけでなく，生業，生活，文化を見せていくことで，地域の観光振興と活性化に寄与できると考えられる．

6. 今後の研究課題と農学への期待

　世界初の国立公園と言われる米国イエローストーン国立公園は営造物型の保護地域であり，保護地域内の権原の多くを国が統括，管理するため，その管理手法はイエローストーンモデルと呼ばれ，近代における公園管理の理想型の一つとされてきた．その一方で，地域指定制をとるアジアやヨーロッパ等では保護地域内に人が住み，生業を展開し，伝統や慣習があるため，人との関わりの中で創造された自然生態系に対して"Agro-Ecosystem"あるいは「里山」といった言葉でその重要性が指摘され，国際的にも共有されつつある（国際連合大学，2010）．とくに，地域の文化，精神的価値と結びつく自然資源として，インドの 15〜20 万箇所に及ぶ聖なる森林をはじめ，ガーナ，モンゴルなど推計で全世界に 25 万箇所以上の自然聖地があると言われ，それらの中には資源を保護する法的根拠，保護範

囲を主張する明確な境界線のないものが多いことから，信仰や伝統的価値観や慣習の上に成立した絶妙な資源管理があると推測できる．しかし，近代的保護地域制度との融合，保護地域管理者と伝統的聖地管理者の協働は課題となっている（古田, 2013）．

わが国では信仰の対象となった自然をとりまく文化と近代的保護地域管理の間に大きな衝突はなく（同, 2013），先住民を排除した米国の事例との間に違いを見出せる．しかし，社会問題に至らずとも，地域指定制保護地域が抱える問題は少なくない．例えば，1993年に世界自然遺産に指定された白神山地では登録当初からマタギ文化が置き去りにされ（石川, 2001），そのマタギ文化に関する情報提供は，青森県の白神山地ビジターセンターを例にとれば施設のわずか一角で行われているにすぎない．また，前述の富士山では歴史的に利用されてきた旧吉田口登山道はほとんど利用されず，大多数の登山者にとっては五合目が登山開始の起点として利用され，登頂そのものが目的となっており（山本, 2015），頂上を目指す登山形態から山麓に点在する文化資源に目をむけてもらう仕掛けづくりが求められている．さらに，草千里など地域の畜産業，野焼きによって創造された阿

図-6.1 阿蘇くじゅう国立公園の草原景観
阿蘇には採草，野焼き，放牧などの人為によって管理されてきた自然があり，自然と人との調和によって成立した風景がある．写真中央は米塚．

蘇の草原景観（図-6.1）は，都市住民ボランティアとの結びつきの中で景観管理が維持されているが，人材確保など管理の継続に課題がある．

　そのほか，2011年に発生した東日本大震災を契機に，三陸沿岸部に夥しい数として点在し，世代を超えて避難の重要性を伝え，その立地する位置によって安全な領域を示す津波記念碑の価値が再評価された（例えば，山本，2014）．しかし，こうした価値ある文化資源の存在については地域で十分に共有されておらず，事実，地域の利害関係者が参画して策定する国立公園の管理計画書には明記される文化資源が少ない．わが国の多くの場所で展開されてきた自然への関与は文化的な営みであり，自然生態系サービスの享受のあり様，自然の脅威との向き合い方も同様にきわめて文化的である．人が自然に関与してきた伝統的な手法，技術，価値観，思想に関する情報共有，再評価，価値認識の強化，再構成が必要である．その意味において，筆者が主に関わってきた造園学分野だけでなく，地球上の被覆，その上で営まれてきた生産活動，環境保全に強い関心を払ってきた農学には，山岳地域の登山，観光，自然保護のバランスをどのようにとるべきか提案が求められており，強い期待が寄せられていると感じている．

引用文献

Fisher R., Ury W.L. 1983. Getting to Yes. Penguin Books. New York. 176pp.

古田尚也 2013. 「自然の聖地：保護地域管理者のためのガイドライン」について（自然公園と信仰・生活），國立公園 718:12-15.

石川徹也 2001. 日本の自然保護-尾瀬から白保，そして21世紀へ，平凡社，東京，260pp.

亀田達也 1997. 合議の知を求めて-グループの意思決定，共立出版，東京. 155pp.

環境省 2015. 平成27年度 尾瀬国立公園入山者数調査公表資料. 3pp.

加藤峰夫 2003. 自然公園制度の新たな展開と課題-利用調整地区を例として，國立公園，618:8-11.

国際連合大学 2010. 里山・里海の生態系と人間の福利-日本の社会生態学的生産ランドスケープ（日本の里山・里海評価）概要版. 36pp.

Kuentzel, Walter F., and Herberlein, Thomas A. 1992. Cognitive and behavioral adaptations to perceived crowding—A panel study of coping and displacement. J. Leisure Research 24:377-393.

毎日新聞 2015a. 富士山-世界文化遺産協，保全状況報告書を承認. 10月24日地方面（静岡），25.

毎日新聞 2015b. 世界遺産富士山-世界文化遺産協，保全状況案了承. 10月24日地方面（山梨），25.

長野県観光部山岳高原観光課 2016. 平成27年観光地利用者統計調査結果. 44pp.

田村裕希・青木陽二 2005. 日光国立公園尾瀬地区における利用者数変動要因分析，ランド

スケープ研究 68(5):723-726.

山本清龍・齋藤伊久太郎・本郷哲郎・小笠原輝 2004. 利用者意識構造分析を通した富士登山の問題の構造化, ランドスケープ研究 67(5):689-692.

山本清龍 2007. 自然公園利用者の富士登山に対する期待と期待阻害, 環境情報科学論文集 21:129-134.

山本清龍 2010. 富士山における登山者属性と認識された不安および危険に関する研究, ランドスケープ研究 73(5):485-488.

山本清龍 2014. ワーキンググループ1「保護地域と自然災害」について（特集：第一回アジア国立公園会議）, 國立公園 721:7-8.

山本清龍 2015. 世界遺産富士山の来訪者管理のための情報提供のあり方に関する検討, 環境情報科学学術研究論文集 29:189-194.

山本清龍 2016. 富士山の登山者数の上限設定に対する登山者の意向, 環境情報科学学術研究論文集 30:73-78.

山梨県 2016. 平成27年山梨県観光入込客統計調査報告書. 93pp.

読売新聞 2016a. 保全報告書提出·富士登山抑制先送り. 1月29日朝刊地方面（静岡）, 29.

読売新聞 2016b. 保全報告書ユネスコ提出·登山抑制具体論先送り. 1月29日朝刊地方面（山梨）, 29.

（ 69 ）

第5章
獣害対策から考える山との向き合い方

九鬼康彰

岡山大学大学院環境生命科学研究科

1. はじめに

　野生動物による農作物被害を獣害[注1]とよぶが，この問題は野生生物保護に関係する分野で1990年代後半から顕著にみられるようになったと記憶している．これはわが国で中山間地域の問題，すなわち過疎化や耕作放棄が大きくクローズアップされた時期と重なる．その後，今世紀に入ると獣害はより広く世間の注目を集めるようになった．それはイノシシが海を泳いで渡る姿や，クマが人家に侵入する様子，あるいはサルやシカが町中で逃げ回る映像など，どちらかと言えば直接人間に危害を及ぼすリスク要因としてのとらえ方に重点をおいた報道の影響と考えられる．一方でこうしたニュースは，近年，人間と野生動物の間のコンフリクトが山の縁辺部では収まらず，市街地にまで拡大し，常態化しつつあることを伝えている．

　では，本当に常態化しようとしているのかをデータで見てみよう．図5.1に示すように，獣害を受けた総農地面積は問題が顕在化した1990年代以降，5万haを下回ることなく増減を繰り返している．また近年はとくにシカによる被害がずば抜けて多い（2014年には総面積の73.8％を占める）．被害金額でも，1999年以降120〜130億円で推移していたが，「鳥獣による農林水産業等に係る被害の防

注1）一般には鳥類も含めて「鳥獣害」と呼ぶが，本稿では鳥類を除いて考えることから「獣害」と表現している．

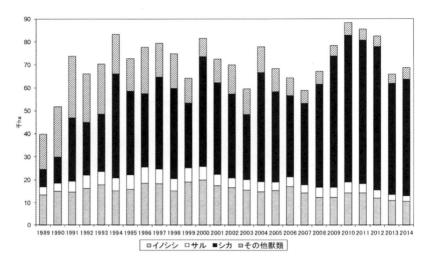

図 5.1 獣類による全国の被害農地面積の推移
出典：農林水産省ウェブサイト鳥獣被害対策コーナー

止のための特別措置に関する法律」（以下，鳥獣被害特措法）が施行された2008年以後は150億円を超えたままである．これらを踏まえると，この二十数年の間に獣害はすでに新しい問題ではなく，耕作放棄の増加や後継世代の減少などと同じく農村に不可欠の現象として根を下ろしてしまったと言う方が適切だろう．

　もちろん問題として認識されているからこそ法律の施行をはじめ，さまざまな対策が行われている訳である．にもかかわらず，なぜ解決の兆しが見えないのだろうか．原因の1つに人間の山との向き合い方に対する過ちがあげられるのではないか，というのが本稿の趣旨である．また，ここでいう「山」とは筆者が獣害研究を行ってきた農村集落の縁辺に位置する概ね標高の低い，いわゆる里山を指す．

2. 山との向き合い方の現在位置

(1) 対策の最前線はどこか

　日本は国土面積に占める山地の割合が高い．そのためわが国の典型的な農村と

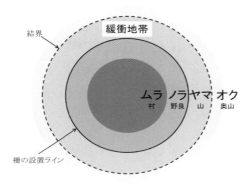

図 5.2　わが国の農村空間とヤマの役割

言えば山と里（＝農地および住居）が一体として扱われ，民俗学でも図 5.2 に示すようにムラ－ノラ（野良）－ヤマ（山）－オク（奥山）という同心円構造として表現される．ここでオクは一般に人が立ち入ってはいけない領域として結界が設けられていることもある．そして多くの場合，ヤマは人間の活動領域であるノラやムラと野生動物の活動領域であるオクの緩衝地帯としてとらえられている（大井，2004）．つまり里が獣害を受けるようになればヤマ，より具体的にはヤマとノラの境界が必然的に対策の最前線となる．それゆえ，人間が山をどう考えるかが一番に問われる．

この場合，論理的に選択肢は 3 つあげられる．これまでどおり，山は人間と野生動物の両方が活動する緩衝地帯と考えるか，それとも山は野生動物の活動領域と考えるか，あるいは人間の領域と考えるかである．あとでも述べるように，私たちは 2 つ目の選択肢をせっせと実行しているのが現状であり，それは山に向き合うどころか山を無視しようとしているかのように映る．

(2) 計画論の視点から考える

これまで筆者は専門とする農村計画学の立場から獣害を研究してきた．農村計画学とは，農村で起こる問題の解決や地域の望ましい姿を描くために用いられる「計画」というツール，ならびに問題解決やビジョンづくりなどの行為を研究の対象にしながら，それらに有効な技術の開発や理論化を目指す学問である．加え

てそれらの知見を基に，現場で試行錯誤しながらあるべき農村を創っていく実践的な学問でもある．ここで気をつけなければならないのは，現時点での問題の解決が望ましい将来像を損なわないことである．

また一般に「計画」には必ず2つのスケールを伴う．1つは『時間』であり，もう1つは『空間』である．あらゆる計画はこの2つのスケールによって，性格や目的を推し量ることができる．これを現在の獣害対策に当てはめると，次のようなことが浮かび上がる．

国によると，獣害対策は表5.1に示すように個体数管理と生息地管理，そして被害管理の3つの手法を組み合わせて地域ぐるみで取り組むことが望ましいとされている．したがって計画論的には，これらの手法を被害防止に取り組む地域に適したスケールに合わせて考えることになる．しかしそれぞれの手法は時間，空間スケールにおいて互いに異なる性格を持っている．それを表したのが図5.3である．

個体数管理や生息地管理では市町村あるいは複数の市町村を跨ぐ広域の空間が対象となり，対象とする動物の動向把握や森林植生への影響のモニタリング，そ

表5.1 獣害対策の手法

	個体数管理	生息地管理	被害管理
目的	地域個体群の長期にわたる安定的な維持と被害の低減を図る	農地や集落への出没を減少させて被害を減らす	農林業や人身への被害を減らす
内容	個体数，生息密度，分布域，群れの構造を管理する	野生動物の生息地の適切な整備，緩衝地帯の設置	被害発生の原因を解明し，被害状況に合った防止技術を用いる
手法	特定鳥獣保護管理計画の策定，狩猟者の育成，等	人工林の間伐，里山林の刈り払い，コリドーの設置	放置農作物の撤去，遊休地の解消，追い払いなどの「動物が嫌がる環境づくり」，侵入防止柵の設置
取り組む際のポイント	長期的かつ広域で取り組む必要がある 順応的管理が必要 有資格者（狩猟者）が実施主体	長期的及び短期的な目標設定が必要 行政が実施主体となって進める必要がある	農家を中心とした住民が一体的かつ主体的に取り組み，行政がそれを支援する形態が理想
担当部局	環境（鳥獣保護法）	環境，林務	産業振興（鳥獣被害特措法）

出典：農林水産省（2007）「野生鳥獣被害防止マニュアル」を一部改変

してそれらの結果のフィードバックが5～10年以上の時間スケールで検討される．これに対し，被害管理では圃場レベルもしくはそれに住居も加えた集落が空間スケールの中心となり，時間スケールも1年単位が中心となる．したがって獣害を解決しようとすると，被害管理は集落が適切なスケールとなるので住民自らが取り組むことが適当なのに対し，個体数管理は広範囲での取り組みでかつ，狩猟免許を有する資格者であることも条件となるため，多くの住民とくに女性にとってはハードルが高い．さらに，生息地管理の対象となる里山は私有地が大半を占め，多くの所有者が世代交代により管理を行っていないこともあり，具体的な管理目標を決めて当該エリアの住民自身が実施するのは経験（知）的に困難となっている．また高齢者が多く，後継者不足に悩まされている集落にとって，広域かつ長期のスケールで持続的に取り組むことも現実的ではない．このように現在推進されている取り組み方は農村のやむにやまれぬ実情を反映しているとは言え，これに従うと現在の農村集落では狭い範囲の短期的な対策しか担えない．つまり山で

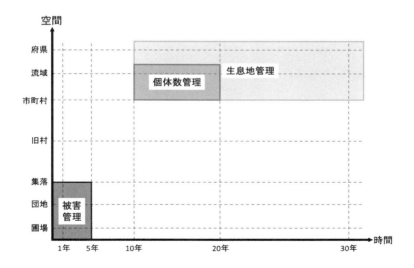

図5.3 時間/空間スケールでみた各手法の違い
出典：九鬼康彰・武山絵美（2014）「獣害対策の設計・計画手法」p.13 掲載図を一部改変

（74）

の対策はほとんどできないことに気づかされる．（一方，まとまった範囲の中長期的な対策は行政か有資格者が実施主体とされる．）

　これは古くから続いてきた農村の住民の暮らしから山を切り離す行為とも受け取れる．その意味でこのような獣害対策の分業的な考え方は，農村の住民に山での対策をしなくても良いとの誤ったメッセージを発するとともに，問題解決という目先のことに焦点を当てるあまり，将来の望ましい姿に到達できない結果を招く心配がある．

（3）獣害対策の移り変わり

　もともと獣害対策は，被害に遭った農家が個別に自身の農地を囲うとの考えが中心であった．それが被害の拡大に伴い，筆者が獣害研究に取り組み始めた 2000 年代前半は地域の協力の下で加害獣をいかに集落（里）に侵入させないようにするか，が対策の中心となっていた．具体的にはトタン板や電気柵の設置の他に，白いビニール紐をぶら下げたり，ラジオを大音量で流すといった今では効果の疑問視される忌避方法もさまざま試みられていた．また当時，ワイヤーメッシュ（溶接金網）が人気を集めていたが原料となる鉄の価格高騰もあり，必要な柵の資材を揃えることは被害地にとって容易ではなかった．そのため住民の一番の要望は侵入を防ぐための柵の設置であり，それが 2007 年 12 月の鳥獣被害特措法の成立により，ようやく実現することとなった．鳥獣被害特措法が施行されて以降，国の対策予算は表 5.2 のように被害総額の約半分にまで増え，被害現場での直営施工注2）や住民の高齢化などの事情に対応した，軽量性・耐久性に優れた特殊金網（フェンス柵）の設置が全国各地で進められている．

　ところが当初は“守り”重視であった獣害対策が，ここ数年は“攻め”重視の色彩が濃くなっている．2013 年 12 月に環境省と農林水産省が発表した「抜本的

表 5.2　鳥獣被害防止総合対策交付金の予算額の推移（単位：億円）

年度	2008	2009	2010	2011	2012	2013	2014	2015	2016
予算（億円）	28	28	23	113	95	95	95	95	95

注2）住民自らが柵の設置を行うことを指す．それまでは業者が設置を担う委託方式が中心であった．

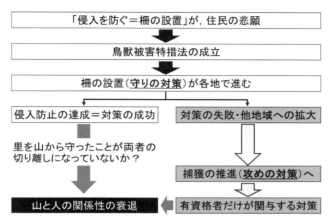

図 5.4 獣害対策の変化とその含意

な鳥獣捕獲強化対策」では，シカとイノシシについて当時の推定個体数の半減を10年後までに目指すことを明記している．また，そのための高度な捕獲技術の開発や狩猟者の確保などが具体策としてあげられている．このように法制度が整ってからの10年間でも対策の方向性は大きく変わっており，獣害対策は『獣対策』へと変質し，ますます農村の住民の手から離れつつある（図5.4）．

3. 何が過ちか—見えてきた問題点

前章では，獣害が全国に広がる中で私たちが山を専ら野生動物の活動領域とみなすようになってきたこと，その証として柵による里と山の分断とそれにより山での対策が住民の手から切り離されつつあることを対策の変遷を辿ることで浮き彫りにした．また，現在推進されている対策の内容を計画論的な視点からとらえることでもそれらを確認した．しかし山を里から切り離すことは，農村の人びとにとって間違った選択とならないのだろうか．ここでは起こり得る問題と，すでに生じている問題について考えてみたい．

(1) 山と里を切り離すことの問題点

先ほども述べたように獣害対策は，当初の被害農家が個別に農地を囲うことから，加害獣の農地や人家（＝里）への出没を食い止めるための地域単位による山

と里の境界への柵の設置に変化してきた．この変化は，現在の住民と山との関係を端的に表している．すなわち対策の目的はあくまでも里を守ることにあり，そこに山は含まれていない．農村の多くの人びとの暮らしにとってかつて一体のものであった山は用のない存在となり，それを柵で切り離すのはごく自然な行為となってしまっている．

　この切り離しの際に住民が頭を悩ませるのは，山と里との境界線の形状と柵の路線をどう折り合わせるかである．境界線が複雑でない場合（図5.5の(a)）であれば話は単純で，境界線と柵の路線は一致する．しかし，複雑な場合（図5.5の(b)）もわが国の農村には多い．ここでは2つの可能性が考えられる．1つは，先ほどと同様に境界線を柵の路線とする案（図(b)の①）だが，これは路線長が大きくなるため資材の購入費がネックとなり，鳥獣被害特措法が施行されるまではほぼ実現不可能であった．そのため，地域によっては路線長を減らした案（図(b)の②）が山の所有者の同意も得ながら選択された．ただ，これは「やむを得ず」の意味合いが強かったため，法が施行され資材費に国の補助を受けられるようになると，多くの地域でたとえ境界線が複雑であっても境界が柵の路線に選ばれるようになった．もちろん山の所有者に配慮して，柵には出入りのための扉が所々設けられるものの，筆者はこうした路線の選び方が農村の人びとの山への無関心をますます助長しているのではないかと危惧している．山への関心と関与を持ち続けることが人びとにどれだけの恵みを与えてくれるかは，たとえば「森は海の恋人」という気仙沼湾での有名な取り組みが教えてくれているとおりである（畠山，1999）．

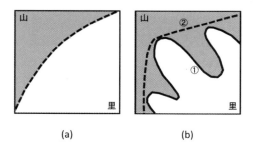

図5.5　里と山の境界における柵の路線の考え方

(2) サル対策にみる問題点

柵による対策を進めてきた現場で調査を行うと,「里を山から守って獣害を食い止めることはできたが,その柵が実は支障になっている」との声もあり,すべての面で完璧な対策は存在しないことを痛感する.次に紹介するのは,サルが加害獣となっている事例である.サルは通常の柵では侵入を防ぐのが難しく,被害管理の手法として追い払いが有効とされている点に特徴がある.

筆者らが 2012 年に調査を行った三重県伊賀市では 9 つもの群れが分布し,その被害防止は喫緊の課題であった.そのため当時,県と市は獣害に強い集落づくりを目標に,集落による組織的な追い払いの実施を住民に呼びかけると同時に,群れ単位での個体数管理も主体的に行うなど,先進的な取組みを続けていた(山端, 2015).そこで追い払いを行っている 13 集落の代表者に聞き取りを行った結果,次のような問題点が明らかになった.なお,対象の集落ではいずれも山と里の境界にサルおよびイノシシ対策用の電気柵併用のフェンス柵を設置している.

・山の方へ追い払いを行うが,柵が邪魔になったり出入り用の扉を開けようとしている間にサルを見失ったりして,追い払いを途中で諦めざるを得ない.
・地形が複雑な場合(図 5.6),サルは里でも山の中でも直線的に逃げられるのに対し,人は柵のせいで迂回を余儀なくされるため,サルの姿を途中で見失った

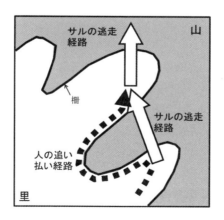

図 5.6　追い払いの困難なケース

りして効果的な追い払いにならない．
- スギやヒノキの植林されている山に比べて，雑木林の山の方が見通しが悪く足元も危険（図 5.7）なために，山に入ってまで追い払いを行いにくい．

　最初の 2 つは，サルの被害に悩まされている地域ではよく直面する課題であろう．こうした経験が住民に「追い払いは柵まで」との意識を植え付け，その向こう側（＝山）への関心を失わせるおそれも想像に難くない．また 3 つ目の指摘は植林であろうと雑木林であろうと，管理が行われていないことが追い払いに支障を与えている点が重要である．（管理の行われていないスギ，ヒノキの植林は生物多様性の面などから問題視される場合がほとんどだが，そうならない場合もあるという希有な例であるが．）これも住民を山から遠ざける遠因となっている．

　ただ，これらの問題の改善を検討する際に注意しなければならないのは，いずれの集落もイノシシの被害を軽減できている点で現在の柵の効果を高く評価していることである．その上でサルの被害も防ごうとした場合，柵が逆に仇となってしまうのである．しかしだからといって「柵をやめれば良い」とか，「サルとイノシシのどちらの被害が大きいかによって対策の優先度を決めよう」と言いたいのではない．次章でみるように大切なのは柵の有無ではなく柵の位置であり，また柵を設けても山との関わりを絶たないことなのである．伊賀市内でも，もちろ

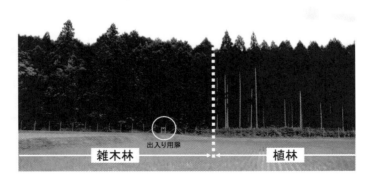

図 5.7　追い払いしやすい山はどちらか（2012 年 11 月 1 日，著者撮影）

んサルとイノシシの両方に対して効果を上げている集落がある．追い払いによってサルの出没がほとんどなくなった集落で話を聞くと，できる限り多くの住民が侵入場所に集まり，ロケット花火などの道具に頼るのではなく，山の尾根までサルの後を追うことを繰り返したという．里から山に追い出しただけでは，サルの被害はなくならない．山も含めたエリアを自分たちの集落ととらえることの大切さを成功事例は物語っている．

4．山との向き合い方を工夫する

このように獣害の深刻化と歩調を合わせるように里から山を切り離している農村だが，そのような選択を採らなかったところもある．また，切り離した山をもう一度見直してみようという動きもみられる．

(1) 山 の 中 に 柵 の 路 線 を 定 め た 事 例

兵庫県篠山市のほぼ中央に位置するH地区は耕地面積14ha，総戸数16戸，総勢約60名の小さな集落である．専業はいないものの「丹波黒」として有名な大豆（枝豆）や山芋，米を中心とする販売農家が多くを占める．また住居が集まる周囲の里山は全戸が所有する私有林と共有林からなり，私有林ではスギなどの植林以外にもクリやカキといった果樹を植え，共有林ではマツタケを栽培するなど，いずれの世帯も山との関わりを持っている点が特徴である．

地区の谷地部（図5.8）では1980年代からイノシシの被害を受けていた．当時はイノシシが臭いを嫌うとされた木綿を編んで燃やしたものを山際に置いたり，トタン板で防いでいた．またシカの出没後は使われなくなった漁網を引き取って山際に張ったが，シカが角を引っかけて暴れ死んだり，見た目が美しくないとの意見もあり，効果的な対策を思案していた．そこで市役所に相談したところ，柵の助成を行う兵庫県の事業を紹介され，2004年に近隣の4集落で取り組むことになった．その際，地区では次の3つの路線案が出されたという．

A案：里と山の境界線（図5.5(b)の①）

B案：尾根筋（図5.5(b)の②）

C案：山の所有境界（同上）

検討の結果，地区が選んだのはB案であった．その理由として，この事業では

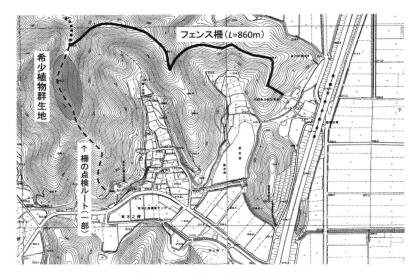

図 5.8　H 地区の地形と柵路線

柵資材の購入に地元負担が求められたため路線長を短くしたかったこと，また A 案は漁網で対策をしていた時の悪いイメージがあったことの他に，里山との関係を保ちたいため選ばれなかったことが，2014 年 2 月に行った地区リーダーへの聞き取りから得られた．つまり A 案を選択することは，里と山を切り離してしまうことにつながると地区では認識されていたと言える．もし地元負担がなかったとしても，H 地区では A 案は支持されなかっただろうと考えられる．ちなみに C 案は誰の境界を路線にするのかについて全員の希望を調整すること，言い換えれば全員にとって平等な路線を定めることが不可能なため選ばれなかったという．

また柵の設置では費用を節約するため，資材の運搬や尾根に柵を設置するための下準備（路線検討や 2～5 m 幅の下刈りといった作業）を全戸で行った．この最中に希少なミツバツツジの群生地が発見された（図 5.8）ことから，柵と群生地をつないだ周回路を山の中に整備し，柵の見回り作業に楽しみを付加することで，全戸参加による柵の維持管理につなげている．さらにこの見回り作業にも他所にはない次のような工夫がみられる．地区では柵の設置段階から維持管理のやり方

についても話し合い，古くから存在する組（3戸ずつで構成，全5組）を利用して2カ月ごとに担当が交代する当番制を敷いた．当番の組は月に1度，メンバー3人（世帯主でなくてもよい）で周回路を歩き，柵の異常の有無を90分ほどかけて点検する．その際，情報を共有しやすくするため支柱には番号を振り，点検結果を日誌に記録している．

　維持管理の当番に対する手当てはない．また，地区に新たに加わる賦役について最初からすんなりと全員の理解を得られた訳ではなく，群生地や遊歩道の整備の際には実際「お金にならないのに」との声もあったという．しかし整備が進むにつれて柵路線周辺の見通しが良くなることで住民の印象も変わり，現在では毎年1回，全戸で周回路全体の維持作業を行うようになっている．肝心の獣害も柵によってイノシシとシカの侵入を食い止められており，その後2008年頃から出没するようになったサルに対しても兵庫県森林動物研究センターの指導などを受け，山と里の境界での緩衝帯整備や尾根付近までの追い払いを粘り強く行い，3〜4年かけて群れが集落を避けるようになるまでの効果を上げている．伊賀市の調査で得られたように，効果的な追い払いが可能なのも，柵の路線を尾根筋にしたことが大きいと考えられる．柵の設置段階で維持管理についても検討するなどもともと意識の高い地区ではあるが，安易に里と山の境界線を選ばなかったことで山の中に新たな価値を見出し，維持管理体制の工夫も交えて小規模の集落であっても獣害対策に効果を上げている好例と言えよう．

（2）造林事業の活用による里山整備の事例

　一方2つ目は，地方自治体のリードによって山への関心を取り戻した事例である．琵琶湖の東南に位置する滋賀県東近江市は伊賀市と同様，サルの生息密度が高く，長年イノシシやシカにも悩まされている地域である．市では県と協力しながら独自の対策を進めてきた．その基本的な考え方として獣害対策の1つ，生息地管理を市では「周辺環境整備」と表現し，農地周辺の里山の整備に自治会などの地域自らが取り組むこととしている．表5.1でみたように生息地管理は行政が実施主体とされるが，東近江市では市内の森林面積のうち個人所有が26％，集落所有が12％と全体の約4割を占める（市提供資料）ことや，キノコの収穫権を決める入札制度が今も残る集落があることなどから，里と接する山の管理は基本

（ 82 ）

的に地元が担うべきと位置づけている点に特徴がある.

　そのため，獣害対策を進めるにあたっては自治会や農家組合などを単位とする住民の要請で行われる出前講座と銘打った研修会や集落点検などのソフト対策から行い，そこで行動計画を作成した上でフェンス柵の資材費に対する助成や緩衝帯（バッファ）整備といったハード対策に取り組む手順を採っている. 表 5.3 に示すように地元での説明会はほぼ毎週のように行われ，多くの住民が参加していることがうかがえる. 柵の設置は里と山の境界線が複雑でないこともあり，多くの場合境界が路線に選ばれているが，これに沿って柵の維持管理も兼ねた緩衝帯を作るところがもう 1 つの特徴である. 通常，柵を設置する際は路線に沿って幅 2〜3 m を刈り払うが，これは言わば農村で慣行的に行われる維持管理作業とみなされるため，市の補助事業の対象とはならない. 対象となるのは少なくとも 5 m 以上で，緩衝帯を設ける場合は幅 10 m 以上を基準に指導している. 市ではこの方針にしたがって 2006 年度から 2011 年度の間に 30 の集落で合計 70.4 ha にも上る緩衝帯を作っており，現在もその推進に力を入れている. もちろん緩衝帯の整備にあたっては住民だけの労働力で賄えない場合も多く，そうしたケースでは森林組合への委託や人材雇用の事業をうまく利用している.

　このような取り組みをした結果，いくつかの地区では住民から「山の中もきれいにできないか」との声が出るようになり，その 1 つ I 地区では里山全体を対象とした森林経営計画を策定し，それに基づき森林整備を行い，その後の維持管理を集落組織で担う試みを 2011 年度から行っている（図 5.9）. ここでは 2009 年 1 月に侵入防止柵と緩衝帯の設置を行うことから獣害対策を始めた. また，この直後から緩衝帯の維持管理を目的にヒツジの放牧を採り入れるなどの工夫を行っていた. 当初，柵は里と山の境界線に設けられていたが，放牧によって緩衝帯が適切に管理されることによって獣害が減り，現在の柵は稜線に移動している. 一

表 5.3　東近江市におけるソフト対策とフェンス柵設置の実績

年度	2008	2009	2010	2011
研修会等の回数	47	60	28	42
参加延べ人数（人）	844	760	393	1016
設置延長距離（m）	9032	10393	2260	53792

出典：東近江市提供資料

方ヒツジは単に放牧するだけでなく，毛刈りをイベントにして近隣の幼稚園児を招くなど，ヒツジという新たな資源を活性化につなげられたことから住民の関心が里山に向くようになったと考えられる．

　森林経営計画とは森林法第11条に基づき森林所有者などが5年を1期としてその経営方針（伐採計画および作業道の配置など）を立てるものであり，これを策定し市町村の認定を受けることによって整備のための補助（林野庁の造林事業）を得ることができる．しかし，一般的には所有している山林が経済的なメリットをもたらさないことから，集落でまとまって計画を立てることは非常に困難である．I地区の場合，獣害対策の実施という合意形成のプロセスを踏んでいたことから森林経営計画にも取り組むことができたと言える．実際，国からの補助や間伐材の売却益によって地元の負担は生じず，毎週水曜日の夕方に共同作業の時間を設けるなど，里山を個人の所有地ではなく地区の共有財産として管理する意識が定着している．地区では間伐終了後，作業道を散策道として活用する他，住民が集える場所として東屋を建て，一部ではソーラーパネルを設置して放牧に必要な電気に充てている．今後は地区外の人も訪れる公園を目指してグラウンドゴルフ場を整備する予定にしている．

図 5.9　I 地区の里山の様子（2016 年 7 月 11 日，著者撮影）

東近江市ではⅠ地区での経験を元に，集落が自ら里山の管理を行うための1つの手法として，森林経営計画の活用事例を市内に増やそうとマニュアルを作成している．まだ後に続く事例は現れていないが，生息地管理の担い手を地区の住民だと明確化し，彼・彼女らの自立性を伴走しつつ引き出そうとしている市のやり方は多くの示唆を含んでいる．

5. おわりに

先述したように，長らくの間農村にとって山は重要な活動域であった．山の樹木は衣食住において多くの必需品を供給するだけでなくエネルギーとしても欠かせない存在で，里山を利用することは即ち生きることに直接つながっていた．この行為は獣害対策に置き換えれば生息地管理にあたるだろう（図5.10）．また山を活動域とする野生動物は人間にとって貴重な食料の一部ともなっており，狩猟（＝個体数管理）も生活の一部であった．これら2つは言わば農村の日常であった．加えて農村の人びとにとって最も重要であったのが里での活動，つまり農地の耕作であった．歴史を振り返ると各地に獣害から村を守った記録が残されているが，いずれも長くは続いていない．つまり，農地を野生動物から守らなければ

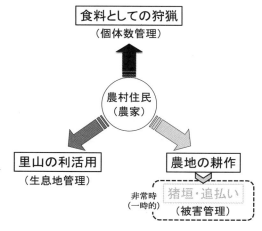

図5.10 里山のある集落のかつての暮らし

ならないような事態（＝被害管理）は，当時の農村にとって非常時だったと考えられる．（ネズミやモグラなどの小動物から農作物を守らなければならなかったのは別として．）

　翻って現在はどうだろうか．図 5.11 に示すように里や山における人間の活動はいずれも衰退傾向にある．狩猟や里山の利用に関する知識は継承されないままどんどん消えていく中で，柵や追い払い（＝被害管理）だけが日常の風景となってしまっている．かつての姿と比べるとその異様さがわかるだろう．農村は戦後の経済成長期を経て，大きく変化した．人の山や里との関わりが弱まる一方で野生動物の活動域が拡大する中，私たちはどのように獣害という問題を解決すればよいのだろう．

　柵という人工物に囲まれた農村の風景を望ましい姿とは誰も考えていないだろう．また，現在の鳥獣被害特措法はあくまでも"特別措置"としていずれその役目を終えさせなければならない．その鍵になるのはやはり，生息地管理にあたる里山の利用である．しかし既存のパラダイムのままでは利用の必要性が薄れている以上，到底それは期待できない．本稿で紹介した事例のように住民が山の価値を見直すことが有効だが，それにはこれまでと違ったアプローチも必要だろう．

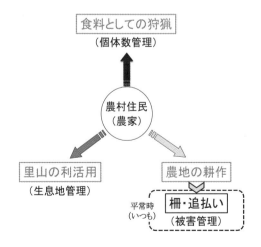

図 5.11　里山のある集落の現在の暮らし

明るい兆しはある．最近は"里山資本主義"（藻谷ら，2013）という言葉が人口に膾炙しつつあり，各地で新たな山の利用方法がみられ地域の自立につながるような価値を生み出している．また環境省が公表する狩猟免許の所持者数をみると，20歳代の若者は2009年度の2000人を底に，2013年度は4000人へと倍増している．一方キャンプが休日のレジャーとして人気を集め，ハイキングから本格的な登山まで，山に向かう人の数も増えている．さらには林業が小説の舞台として描かれて映画化され，注目を集めるなど，マスメディアやインターネットを通して広く，農村や森林の魅力が好意的に伝えられる時代になっている．こうした中，ボランティアとして自然災害の被災地に赴く若者，あるいは地域貢献のプログラムとして里山での植樹や間伐の作業に参加する大学生も増えている．

農村に縁のない多くの若者にとって，今やムラやヤマは未知の領域であり，であるからこそ好奇心がかき立てられるのではないか．これまでの山が必要とされてきた背景がいったんリセットされ，若者の旺盛な好奇心を駆動力として新たな必要性が構築されていく局面に現在あるのかもしれない．そうした新しい動きを利用し，もう一度里域に山を取り戻そうとする集落こそが獣害を解決し，地域社会の存続にもつなげることができるだろう．

引用文献

大井　徹　2004．獣たちの森，東海大学出版会，神奈川．212—214．
九鬼康彰，武山絵美　2014．獣害対策の設計・計画手法，農林統計出版，東京．1—14．
畠山重篤　1999．「森は海の恋人」，環境社会学研究，No.5:78—81．
藻谷浩介，NHK広島取材班　2013．里山資本主義，角川書店，東京．
山端直人　2015．獣害と農村のマネジメント，農村計画学会誌　Vol.34 No.3:357—360．

第6章
地方創生―里山活用における山羊の放飼事例―

安部直重
前 玉川大学農学部生物環境システム学科

1. はじめに

　冒頭にあたり，現在，社会的に大きな問題となっている「耕作放棄地の増加」，「里山の荒廃」から本稿を始めたい．国内の農業就業者は高齢化が進むとともに減少し，後継者不足は次世代の農業経営を圧迫し耕作地の維持が難しくなってきている．農地の荒廃は国内農業の生産基盤を脆弱化させており，この動向は特に中山間地域において顕著で，その結果耕作放棄地の増加に歯止めが掛からない状況である（図1-1）．

　荒廃地の増加は，ごみの不法投棄，野生動物の出没，森林火災の発生などを助長すると考えられ，対応策として雑草や灌木の適正な除草管理が必要である．放棄地の内訳を詳しく見てみると，耕作地の内，里山を多く含む中山間地域の放棄率は平地の放棄率と比べ一貫して高いレベルにあり，この傾向は年々増加してきている．平成に入った頃から国内の耕作放棄地面積は増加

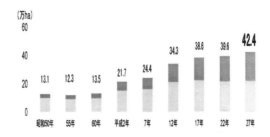

図1-1　放棄地面積の推移

が著しくなり,平成 27 年度は 42 万 4000ha でこれは滋賀県の面積に相当し,全耕地面積が減少するなか平成 2 年比で約 2 倍に増加している.また耕作放棄地は特に中山間地域において 50 ％を超え,傾斜地が多く大型機械導入の困難さなど立地条件の悪さも増加の原因と推察される.さらに近年では非農家所有の放棄地面積が増加する傾向にある(図 1-2).これについては農業では生計を維持できないといった経営的な問題が根本的にあると考えられる.もちろん,前述したように農業就業者の高齢化,後継者の不在,生産物の価格低迷など幾つかの理由を包括していることは否めない.本稿ではこうした全国の里山実態に焦点をあて,荒廃している現状を打開し地方創成を図るため,山羊を多面的に活用したプログラムについて紹介したい.

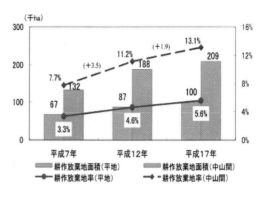

図 1-2　耕作放棄地率の推移

2. 里山の荒廃

(1) 里山利用の経緯

わが国固有の国土維持機能として,これまで永く培われてきた里山が荒廃してきた背景には,まずエネルギー資源の変化が考えられる.元来,用いられてきた里山由来の薪,炭から,第 2 次大戦後では水力,石炭へ,また高度成長経済以後,石油,原子力,天然ガス,ソーラーなどへと転換してきた(図 2-1,写真 2-1).それと同時に国民の食生活が大きく変貌し欧米化が進むとともに,木材や農産物の輸入依存率が年々上昇してきた.その結果,経済性が伴わない,中山間地域の農業は衰退の一歩を辿ることとなった.里山に元々生息していた動植物は減少あるいは消失し,管理放棄による二次林内で雑草・灌木の過繁茂は著しくなった.

第6章 地方創生─里山活用における山羊の放飼事例─　　（ 89 ）

図2-1　里山の定義

写真2-1　里山の景観

　一方，人工林の造成による広葉樹林の喪失は生物多様性を攪乱させ，それに伴う山地の保水力は減少し，災害発生の根源となることも指摘されている．人里との境界が不明確になってくると，本来奥山に生息していた野生動物の出没は容易となる．それは人的な直接的被害を含め，農作物食害，森林の荒廃や道路，鉄道などの交通機関にも支障を来すなど，社会的問題を抱えた地域も少なくない．
　こうした問題に対して，現在，国土面積の40％を占める里山の一部で実施されている保全対策は，雑木林の下草刈りや伐採などであるが，経済活動が低迷するなか多くの自治体では十分な予算が充当できず，経年的な計画遂行が進まない状況である．一部の環境保全団体による生態学的基礎調査や，NPOによる環境教育的ビオトープの構築などが散見されるが，対策は十分に機能しているとはいえ

ず問題解決は急務である.

(2) 野生動物による農作物被害対策

　全国の野生動物による農作物被害は平成以降一貫して増加してきている. ここに示したのは平成24年から26年までの全国被害状況である（表2-1）. 被害面積はシカによるものが最も大きく, 被害金額ではイノシシも同程度に推移している. シカは繁殖力が極めて旺盛で北海道では森林被害も大きく, 環境保全的見地からも被害をこれ以上看過できない. 各地域で様々な対策が講じられ一定の効果を挙げてはいるが, 依然として生息頭数は増加している. 森林被害面積においてはシカが圧倒的に多く特に北海道では全国被害の約50％を占めている. また, 資料に示したように, 直近の平成26年では全国の農作物被害総額は190億円, ここ数年ほぼ横ばい状態で, 被害面積・被害量・被害金額においてシカおよびイノシシによる被害が突出している. 銃, ワナによる捕獲でシカの個体数削減の実績は上がってきているものの, 増加する個体数に追いついていない. さらに北海道に生息するエゾシカは, 狩猟法により銃による捕獲が禁じられている日没以後出現

表2-1　近年における鳥獣による農作物の被害
農林水産省生産局資料（単位：千 ha, 百万円, %）

		平成24年度		平成25年度		平成26年度		
		面積	金額	面積	金額	面積	金額	（シェア）
鳥類	カラス	6.4	2,060	5.9	1,811	5.6	1,732	（45.8）
	ヒヨドリ	2.3	650	1.3	346	1.7	639	（16.9）
	カモ	0.4	484	0.5	484	0.6	546	（14.4）
	スズメ	2.6	393	2.4	408	2.2	366	（9.7）
	ムクドリ	1.4	275	1.3	246	1.2	250	（6.6）
	ハト	1.1	155	0.9	126	0.7	135	（3.6）
	その他鳥類	0.7	176	0.8	130	0.6	117	（3.1）
	小計	14.9	4,193	13.0	3,551	12.6	3,785	（100.0）
獣類	シカ	62.3	8,210	48.3	7,555	50.7	6,525	（42.5）
	イノシシ	12.0	6,221	10.9	5,491	10.6	5,478	（35.7）
	サル	3.5	1,536	2.7	1,315	2.4	1,306	（8.5）
	ハクビシン	0.8	433	0.7	439	0.7	461	（3.0）
	クマ	1.0	388	0.7	274	0.9	391	（2.5）
	アライグマ	0.4	333	0.4	339	0.5	334	（2.2）
	カモシカ	0.3	338	0.2	300	0.2	250	（1.6）
	タヌキ	0.3	147	0.4	151	0.6	140	（0.9）
	ネズミ	0.5	689	0.6	70	0.4	76	（0.5）
	ヌートリア	0.4	99	0.3	85	0.2	62	（0.4）
	ウサギ	0.4	75	0.3	52	0.3	51	（0.3）
	その他獣類	0.6	304	0.6	287	1.1	275	（1.8）
	小計	82.4	18,771	66.0	16,358	68.7	15,349	（100.0）
合計		97.3	22,964	79.0	19,909	81.2	19,134	

第6章　地方創生—里山活用における山羊の放飼事例—　　(91)

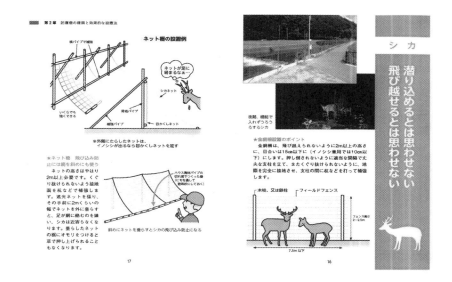

資料　農水省生産局監修　野生鳥獣被害対策マニュアル　平成26年
　　図2-2　シカ防除対策1

し，日の出時には森へ戻ってしまう，捕獲の気配を察知し学習してしまう，いわゆる「スマートディア」と称される集団の存在も指摘されている．近年，一部府県では，狩猟法の限定的な見直しを行い，夜間銃猟を限定的に認めているが，顕著な効果は見出されていない．

　行政側の動きとして，平成26年農林水産省生産局監修の「野生鳥獣被害対策マニュアル」では，被害の大きいシカ，イノシシ，サルを対象に動物種ごとに詳細な対策を提示している（図2-2, 2-3, 2-4, 2-5, 2-6）．それによると，心理学的手法による防除対策が示されており，動物行動心理学が農作物被害対策に寄与している実態が見うけられる．しかしながら，広範囲の動物柵の維持管理には莫大な費用が必要となり，被害の抜本的な解決までには至っていないことも事実で，大幅な予算配分が望まれるところである．

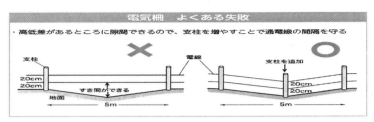

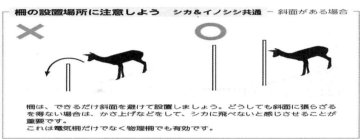

資料　農水省生産局監修　野生鳥獣被害対策マニュアル　平成26年
図2-3　シカ防除対策2

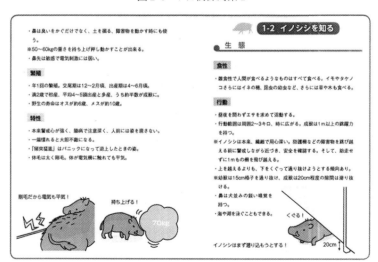

資料　農水省生産局監修　野生鳥獣被害対策マニュアル　平成26年
図2-4　イノシシ防除対策

第 6 章　地方創生―里山活用における山羊の放飼事例―　　（ 93 ）

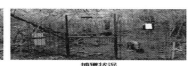

資料　農水省生産局監修　野生鳥獣被害対策マニュアル　平成 26 年
図 2-5　イノシシワナ猟

資料　農水省生産局監修　野生鳥獣被害対策マニュアル　平成 26 年
図 2-6　サル防除対策

3. なぜヤギによる除草なのか

　荒廃地の除草管理には機械や除草剤などを用いた物理的，化学的除草があるが，化石燃料消費や人件費，残留農薬による環境汚染のリスクなどを伴う．一方，草食家畜を用いた生物的除草は家畜の放飼により行うため，従来の方法である，機械除草，集草，運搬，処理作業，施肥の5作業工程が，山羊放飼（除草・排糞），山羊の撤収の2工程に大幅に簡略化される．また化石燃料を使用しないため機械購入費負担や CO_2 の低減がもたらされる．また山羊の排泄や蹄による地力の回復，土壌改良効果も望める．雑草の植生は地域によってかなり異なるため，山羊の好まない雑草，有害草については，別途，刈り取りなどの工程が必要にはなるが，荒廃地で活躍する山羊の姿は景観的にも市民の理解を得ることが可能と推測できる．さらに森林縁部に山羊を放飼することで，奥山との間に見通しの良い緩衝帯が出来，野生動物の出現抑制を図ることが数多くの事例として報道されている．近年，こうした環境にやさしい除草手段，野生獣害対策，山羊本来の乳・肉生産による6次産業化，山羊との触れ合いがもたらす環境教育的効果などの多面的な活用を含め，全国各地から山羊を用いた活動が紹介されているが，個々の活用事例については後述する．

4. 山羊によるキャンパス内耕作放棄地除草

　筆者が現職中，大学キャンパス内の耕作放棄地で初夏から早秋にかけて 70 日間行った小規模な除草効果検証試験を2件紹介する．傾斜角 20 度の南斜面で面積約 10a，過去に飼料作物の栽培歴があり試験開始当時はアズマネザサ主体の植生で，春には 1 年生雑草が繁茂し，ササの伸長とともにクズで覆われる荒廃地で実施した．供試山羊は日本ザーネン種2頭で放棄地内に終日放飼した．以下に試験区内で植生別にコドラートを設置して調査した結果を簡単に示した．

　山羊放飼前後における試験地内の試験コドラートでは，植生にかかわらず対照コドラートと比較して草量，植被率で有意に除草効果を認めた（図 4-1，写真 4-1，4-2）．

　また，次年度に同試験地で実施した繋留放飼試験でも，山羊放飼前後に顕著な

除草効果が認められ，関東地域でのササ主体荒廃地における山羊の有用性が確認できた（図4-2，写真4-3, 4-4）．

クズはアズマネザサの茎に絡みつき繁茂するため，ヤギは斜面を使い，立ち上がる姿勢で採食し（写真4-4），嗜好性の高いクズを喰い尽くした後ササの葉部を採食した．写真からもヤギの高い平衡感覚が観察できる．

この繋留放飼試験では前述の放飼試験と比較し，限定的な区域を山羊に採食させるため，集中採食による除草効果が顕著でクズ，ササの被食効果はさらに高まった．試験終了時ではササは堅い茎を除いてほぼ喰い尽くされた（写真4-5）．

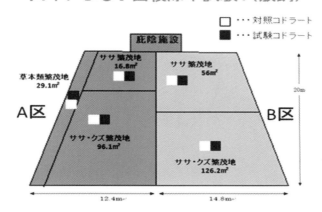

図4-1　小面積除草試験1

写真4-1　放飼中の供試山羊

コドラート比較

写真 4-2 除草前後の植生

繋留放牧（ワイヤー）

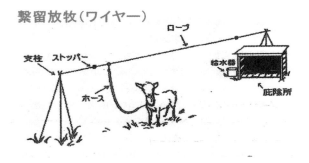

資料　鹿児島大　髙山ら
図 4-2　繋留放飼模式図

写真 4-3　繋留放牧中の試験山羊

写真 4-4 クズ採食中の試験山羊

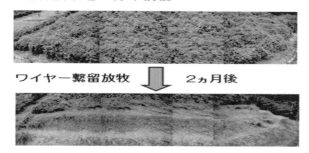

写真 4-5 放飼前後の試験地植生

5. 全国各地における山羊の放飼事例

　全国各地の様々な条件下で山羊が除草目的に利用されている．これらからいくつかの事例を紹介したい．山の斜面での放飼状況で（写真 5-1），長期間にわたり恒久的な牧柵内で放飼されていたため，後方区域と比較し明らかに草生が異なっている．次は河川敷の護岸部分に繁茂した雑草を山羊が採食している．牛や羊ではこうした条件では活用しにくいと考えられる（写真 5-2）．放飼，非放飼区域での除草効果比較では，成山羊 1 頭 1 日あたり採食量は約 10m^2（6 月上旬，草丈 1m）で，早春には草量が不足し，乾草の補給が必要とされている．また，この調査地ではセイタカアワダチソウとヨモギの伸長を抑制した．さらにヨシの生長点を採食して再生を強く抑えたと報告されている（写真 5-3）．

　このように山羊は異なる環境下で，除草作業を代替できる能力が示され，その

写真 5-1　山岳地における山羊の放飼

写真 5-2　河川敷護岸部での放飼

写真 5-3　放飼・非放飼区域での効果比較

写真 5-4　放飼地への移動

間山羊自体は成長する．飼料費を大幅に削減しながら肉生産も可能となることが確認できる．山羊の体重は品種・性・年齢にもよるが，成体で平均 40kg〜70kg で，運搬が必要な場合，軽トラックで比較的簡単に移動できる点も機能的である（写真 5-4）．

6．放飼形態

(1) 固定柵による放飼

　固定策はふれあい牧場など人との接触が頻繁で脱走すると問題が大きい場所や，急傾斜地等で電気柵設置が困難な場合に用いられる．柵の高さは 130cm 必要で，木製なため積雪地帯で冬季に取り外しが容易である（写真 6-1）．

(2) 繋留による放飼

第6章 地方創生―里山活用における山羊の放飼事例―　(99)

写真6-1　固定柵内の山羊

写真6-2　繋留放飼中の山羊

　繋ぎ飼いの利点は簡易用具で放飼できる，果樹園の下草刈りで樹木を傷めない，傾斜地や不整な地形に対応できるなどの利点がある．繋留方法は固定杭の抜けやリード外れで脱走，リードの巻き付きでの首くくりや脚の骨折，野良犬や飼い犬による咬みつき事故などに留意すべきである（写真6-2, 6-2, 6-3, 6-4）．
(3) 電気柵による放飼と日陰施設
　電気柵は設置や移動に便利であるが，山羊の放飼前に電線馴致（忌避）学習が重要である．また漏電防止や緩み防止など毎日の点検がかかせない．さらに家庭

写真 6-3　首輪とリード・ナスカン

写真 6-4　固定杭

写真 6-5　太陽光発電電気牧柵
　　　　　（株）サージミヤワキ

用 100V 電源から通電する場合は漏電遮断器を取り付け，ペースメーカ装着者は接近しないことなど，人が触れないよう注意喚起の標識を付けることも必要になってくる（写真 6-5）．夏季に長時間放飼する際は熱中症，雨天対策は不可欠で，簡易シェルターを設置する必要がある（写真 6-6）．

第 6 章　地方創生―里山活用における山羊の放飼事例―　　（ 101 ）

写真 6-6　簡易シェルター
　　　　　（有）アルファグリーン

7. 野生動物対策として緩衝帯における利用

　森林縁部に山羊を放飼して野生動物の出現を抑制する，緩衝帯効果を検証する試みも行われている．雄のイノシシについては，牙による事故も報告されてため予め考慮が必要である（写真 7-1, 7-2）．

　ぶどう園のサルによる食害があった地域で，サルの出没に対する山羊の素早い接近行動がサルを逃避させる効果を得ている．同様の効果は犬でも検証されている（図 7-1）．

写真 7-1　森林縁部での放飼 1

写真 7-2 森林縁部での放飼

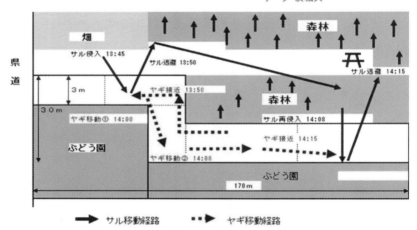

図 7-1 果樹園内放飼によるサルの侵入抑制効果

　また，イノシシやシカによる農作物被害が懸念されている栃木県佐野市の「閑馬上区里山を守る会」山羊部会では，柵設置などの獣害対策に続き，丘陵地に山羊と羊を放牧し，里山環境保全の試みを行っている．このように獣害対策として森林縁部周辺の緩衝帯への山羊・羊放牧は野生動物逃避効果を挙げており，活動に協賛する企業やNPO法人の交流場所にもなっている．獣害対策を里山生活の

一部として認識してもらうため，他の被害地域に山羊・羊を出張させることも考えている．また将来的は山羊乳でソフトクリーム製造，羊毛の加工品で地域興しなど6次産業化も考えられている．

8. 都市近郊における山羊の活用

(1) 団地内での放飼

UR都市機構では団地内遊休地の山羊による除草を実施し，放飼開始時期や頭数など，試行錯誤を加え除草効果を検証している．放飼後に行った住民を対象としたアンケートでは，住民間での会話について「増えた」との回答が60％をこえた．住民同士の会話が増え，世代を超えた新たなコミュニティーの発現が伺えた．

写真8-1　団地内緑地での山羊放飼

写真8-2　団地内放飼地での調査

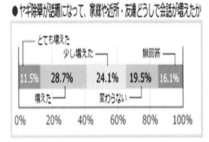
図8-1　山羊放飼住民アンケート調査

写真8-3　公園内での山羊放飼

山羊の臭い・声も殆ど気にならないとの回答が多かった（写真8-1, 8-2, 図8-1）.
　都市近郊の公園内斜面では，小さい子供連れの入園者が安心して山羊を観察している光景からは，親子の癒し空間が見受けられ山羊も人間の動きに干渉されず寛容な様子が見て取れる（写真8-3, 8-4）．かなりの傾斜でも，山羊は苦にすることなく難なく縦横に草を食べ続けている．

(2) 太陽光発電装置下での活用
　近年，増加してきている太陽光発電施設におけるソーラーパネル下の除草管理は，人的作業の場合，作業姿勢が非常に厳しい条件であるが，山羊を導入することで容易に除草を行うことが出来る．この際，山羊がパネルに登り破損させたり，電気配線等を囓られないよう配慮は必要となる（写真8-5）.

写真8-4　斜面での山羊

写真8-5　太陽光発電装置下での山羊放飼

(3) レンタル事業

一方，山羊を除草目的で貸し出す企業が各地で運営を行っている．山羊レンタル費用は，各社とも山羊 1 頭につき 1 ヵ月 15,000 円，3 ヵ月 36,000 円，6 ヵ月 63,000 円程度が平均的である．その他，山羊の定期健康チェック，山羊輸送費，フェンスと支柱設置・貸出しなども行い実施形態は様々である．

9. 地方創生

(1) 乳用山羊による山羊乳生産

これまで "乳製品" として流通してきた山羊乳は，2014 年，乳等省令が改訂され "乳" として市販できるようになり，各地で販売が増えてきている．山羊乳の生産普及条件として好転しているといって良い．しかし流通量は牛乳と比べると少なく，販売価格も 200cc, 300 円程度と高価である．

第 1 段階として搾乳山羊を飼育し乳生産を行うことが始まりである．経営規模や形態，周辺環境により大きく異なるが，例えば，退職後に搾乳ヤギ 10 頭を無理なく飼える土地がある場合を想定する．殺菌山羊乳製造販売の行程は，食品衛生法の製造販売資格取得，生産設備として概算を見積もると，専用ミルカーと冷却用クーラー約 100 万円，衛生基準を満たした製造室建設約 100 万円，殺菌から容器充填までの一貫製造施設約 200 万円，さらにチーズの製造販売では，小規模製造装置約 80 万円～100 万円が必要となり，初期投資の総額は 400 万円～500 万円である．

つぎに山羊飼育では衛生管理は重要であるが，寄生虫駆除，腰麻痺予防，子山羊の下痢防止，胃腸炎，肺炎予防に留意する必要があり，ある程度の専門知識を要する．さらに疾病診療して貰える獣医師を確保することも大切である．また，放飼環境では，有毒植物のスイセン，イチイ，シキミ，キンポウゲ，レンゲツツジ，ナンテン，シャクナゲ，ヒガンバナなどがある場合，事前の除去が必要である（写真 9-1）.

これまで述べてきたような流れをより実践的に進めるために，現在いくつかの課題があり以下に列記する．これらについては個人での対応は困難なため，国，県などの行政機関における法的整備，大学，試験場など研究機関の支援が大前提

写真 9-1　有毒植物の一例

である.
　①生産性の向上による収益性確保
　②家畜改良と繁殖技術の向上
　③乳用ヤギ飼養標準の作成
　④チーズ製造技術の高品質安定化
　⑤肥育技術の向上と市場開発
　⑥屠畜場受け入れ制限の撤廃
(2) 山羊乳の特徴
　山羊乳の特徴として脂肪球が小さいためホモジナイズが不要なことが挙げられる.また,乳アレルギーの原因物質 αS^1 カゼイン含有量が少ないため,山羊乳は欧米諸国では牛乳を飲めない子供用のミルクとして一般的で,乳アレルギー症状を持つ成人の約 75 ％は山羊乳の摂取が可能とされている(写真 9-2).山羊乳と牛乳,母乳の成分を比較したものが表 9-1 である.山羊乳ではカリウム含有量が多いことが挙げられる.

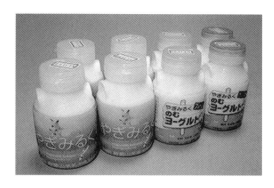

写真 9-2　飲用殺菌山羊乳

表 9-1　山羊乳の栄養成分（日本食品標準成分表）100g あたり

栄養成分	一般牛乳	山羊乳	人乳
エネルギー（kcal）	67	63	65
タンパク質（g）	3.3	3.1	1.1
脂 質（g）	3.8	3.6	3.5
飽和脂肪酸（g）	2.3	2.2	1.3
レチノール（μg）	38	36	45
カロテン（μg）	6	0	12
ビタミンE（mg）	0.1	0.1	0.4
カリウム（mg）	150	220	48
カルシウム（mg）	110	120	27
マグネシウム（mg）	10	12	3

(3) 山羊乳によるチーズ製品の生産

　飲用乳と比べ加工に手間が掛かるが，近年，消費が低迷している国内の乳製品の中で，唯一消費を伸ばしているナチュラルチーズは注目されている．欧米においても乳の消費形態は，飲用からチーズなどの固形物消費へと転換しつつあると考えられており，それに伴ってチーズの製品歩留まりを高める無脂固形分量の多い原料乳が求められている．国内では北海道を中心として小規模な牛乳チーズ工房は増加し続け，生産量の多い大規模な工房も出来はじめている．こうした流れの中で山羊乳チーズ生産も今後拡大が見込まれる．また現在では，世界的な山羊チーズ消費国フランスのコンクールで，金賞を受賞した国内の山羊乳チーズ工房

写真9-3　熟成山羊ゴーダチーズ

写真9-4　熟成シェーブルチーズ

も出てきている（写真9-3, 9-4）．

10. 触れ合い動物としての教育的効果

(1) 児童と山羊との触れ合い活動

　全国山羊ネットワーク代表今井明夫が主宰する新潟県山羊ネットワークでは小学校生活科授業にヤギ飼育活動支援を取り入れ，現在40校が山羊を飼育している．山羊飼育活動を通して，「気付き」，「知的好奇心」，「自発的な学び」，「協働」などの社会性が育つとされており，動物介在教育が教育的成果をもたらすことが報告されている．

　学校飼育動物として山羊を扱うことは，児童・生徒が山羊の出産，生長，出荷を体験することで環境教育的，生命教育的効果を見出すことが望める（写真10-1, 10-2）．

第6章 地方創生—里山活用における山羊の放飼事例— （ 109 ）

写真 10-1 校外学習で山羊触れ合い

写真 10-2 ヤギ飼育での
　　　　　一場面

(2) 特別支援学校

　AD/HD 障がいを持つ児童が農園訪問で体験授業を通して，山羊の世話，野菜栽培を行い心が開かれていくことが報告されている．この場面での山羊の行動は子供たちと心の交流をもたらし，野菜栽培で収穫物の実りによる達成感が醸成されたことは大きな評価に値する．体温のある生き物，生長する植物と触れあうことで精神的に変化が生じたことといえる．海外で同様の活動を実施している米国グリーンチムニーズは，動物介在活動を伴う作業療法が心的障がい者に対する効果をもたらすとしており，生き物との触れ合いが精神医学領域における治療の可能性を拡げている．

(3) 子山羊との触れ合いが高校生・大学生の自律神経活性に及ぼす影響

　一方，健常者を対象とした筆者が行った試験でも，子山羊を用い動物介在活動

写真 10-3 山羊と触れあう高校生

写真 10-4 実験 BOX 内の子山羊と触れあい

の結果，精神的安寧効果が認められた．すなわち，心拍変動性の解析手法を用い触れ合い前後の自律神経活動を検証したところ，触れ合い前で高水準を示した交感神経指標が，触れ合い後に有意に低下した．反対に触れ合い前に低かった副交感神経指標は，触れ合い後に有意に上昇したことが確認されている．子山羊と一定時間過ごすことにより，健常者においてもリラックスできることが認められた（写真 10-3, 10-4）．

11. 終わりに

これまで述べてきたように，山羊は人の日常生活における様々な場面において乳・肉生産，除草，触れ合い動物としての適応性，食育を含めた環境教育での活用

など多様な機能をもたらすことが認められた．家畜としての最も大きな特徴は，温順で扱いやすく，体の大きさも適当であり頑強であることが挙げられる．さらに，国土の多くを占める中山間地で傾斜地における適性の高さが，秀逸であることもその一助となり得る．

　こうしたことが市民の間で広く理解され，今後，国内の飼養頭数がますます増え，国内のあちこちで活躍する姿を想像しつつ普及活動を続けていきたいと考えている．最後に多くの関係機関，研究者，企業の皆さまから様々な助言・情報提供をいただいた．ここに深謝の意を表し本稿を終えたい．

引用文献（資料）

農林水産省生産局. 放棄地面積の推移. 2014.

農林水産省生産局. 耕作放棄地率の推移. 2007.

農林水産省生産局. 野生鳥獣による農作物被害の推移. 2010.

農林水産省生産局監修　野生鳥獣被害対策マニュアル. 2014.

青戸貞夫 2014. 第1回やまなみヤギサミット講演要旨. 18-19.

家畜改良センター. 2011. 山羊の飼養管理マニュアル. 20-33.

安部直重 2016. 耕作放棄地のヤギによる除草と多面的利用. GreenAge,vol3. 16-19.

今井明夫・中西良孝 2015. ヤギによる除草の現状と課題. 調査研究情報誌 ECPR.11-20.

楠本美苗 2014. 環境に配慮した新たな草地管理の試み. UR調査研究期報. 160.4-9.

今井明夫 2011. 総合的学習教育学会. 2011. 日本山羊研究会. 2011.

狐塚　聡・安部直重 2011. 子山羊との触れ合いがヒトの自律神経活動に及ぼす影響. 平成23年度 玉川大学農学部卒業研究論文.

福島美咲・安部直重 2016. 山羊を用いた動物触れ合い活動の有用性. 日本山羊研究会講演要旨. 7-8.

第 7 章
山の昆虫から農業への贈り物
ー里山の景観管理と生態系サービスー

岡部 貴美子
森林総合研究所生物多様性研究拠点

1. はじめに

　日本は国土の約 67 ％を森林が占めており，1970 年代以降その率を維持していることは，世界的に急激な森林減少が続く中で優等生といえるだろう．日本の森林のほとんどは国土の 75 ％を占める山地にあり，山がちな地形によって森林が維持されているとも考えられる．しかし，江戸時代には乱伐によって急速に森林が減少し，世界大戦中から戦争直後にかけては再び大量伐採で森林が減少した．その後 1950 年代の拡大造林によって森林面積は上昇したものの，人工林率が 40 ％に及ぶ一方で原生林は 10 ％以下しか現存しないことから，森林の生物多様性に関しては，生態系の人為改変によるオーバーユースが懸念される．ところが 1970 年以降，わが国の保護地域面積は急激に増加し，原生林はもはや積極的な開発の対象ではなくなってきた．一方で，昨今の薪炭林としての利用の激減や木材自給率の低迷に関連する林業活動の低下などから，それまで定期的な伐採で供給されてきた若齢林が減ってしまい，そのような森林を好む生物の生息地は減少しつつある（Yamaura et al. 2009a）．すなわち 21 世紀の日本では，森林のアンダーユースに伴う森林生物の多様性の変化が懸念されている．このように森林生態系は，社会や経済の変化の影響を強く受けており，その変化は今後も続くと考えるべきである．

これまでに日本は 1993 年に生物多様性条約を締結し，生物多様性国家戦略を策定，改定を進めるなど，生物多様性保全に対して積極的な政策を行ってきた．この間，生態系機能に関する研究も一定の成果をあげ，森林が二酸化炭素吸収，酸素・水・土の供給などの生命維持のための基本的な機能を提供していることは，既に良く理解されている．また日本は，世界の生物多様性のホットスポットと認識されており（Myers et al. 2000），生態系が貴重な生物多様性を維持するという重要な機能を担ってきたことも明白である．これらの生態系の多面的な機能を持続的に利用してゆくためには，適切な森林管理による，多様な生物相の保全が不可欠である．森林は基盤となる樹木の成長が遅いが寿命が長いため，草原や農地生態系のような短期的な周期の遷移が起こりにくいことから，持続的な生物多様性保全と生態系機能の利用を目的とした森林管理には，長期的な動態を予測するシミュレーションモデルが必要である．またこのようなシミュレーションモデルを作成するためには，適切な科学的知見に基づく保全シナリオと長期的視点に立った生態学的データの解析，社会科学的分析が求められる．

　本章では，国立研究開発法人森林総合研究所および研究協力機関の研究成果を基に，生物多様性と生態系サービスの予測研究について紹介する．生物多様性保全のための生態系管理には，流域レベルのローカルな生物多様性保全機能の予測と，生態系サービスの変動予測を行うことによって，適切な管理手法を事前に予測することが望ましい．そのため私たち研究グループは，まず社会・経済変化によって大まかに 4 種類の森林管理シナリオを設計した．また，森林の生物多様性の変動要因を調べ，これらを指標とする生物多様性保全機能の予測モデルを作成した．そして，シナリオに基づき，将来の生物多様性保全機能の予測を行った．また生物多様性保全機能によって，生物多様性に強い影響を受ける生態系サービスもまた，空間的，量的な変化をすると予想される．生態系サービスの中でも，本研究が対象にした送粉，天敵，分解（栄養循環）サービスは，森林から農地へのサービスであると期待される．そこで同様のモデルによって，これら 3 種の生態系サービスの将来も予測した．

2. 生物多様性保全機能の予測

(1) シ ナ リ オ の 作 成

Alcamo（2008）によれば，シナリオ分析は，1）複雑な問題に対しての分野融合的枠組みの提供，2）将来の政策などに関する選択肢の提供，3）複雑で大量な情報の組織化とコミュニケーション，4）新しい問題やそれらの関連性の提起，5）大きな時空間スケールでのビジョン提供，6）政策決定における関係者の参加機会の提供などに有効といわれている．また，シナリオのタイプについては，1）探索的（Exploratory）か予期的（Anticipatory）か，2）将来を特定の政策を前提として予測するかどうか，3）定性的か定量的か，4）全球的か地域的か，などの区分がある．

100年以上後の森林の生物多様性の状態を定量的に予測するために，森林管理に影響をあたえる要因として，社会・経済的視点から森林に求められる機能を抽出した．またこれらにかかるスケールとして，グローバル化を抽出した．それぞれを軸として，以下の4つのシナリオ（図1）を作成し，さらに現状維持（Business as usual）を加えて5つのシナリオで，将来を予測することした．

シナリオ1＝放置（Business as usual）：すべての人工林，天然林（二次林を含む）が現状の通りに管理される．すなわち，林業が停滞している多くの地域では，人工林は100年以上の長伐期となり，天然林もほとんど伐採されず人工林への転換がないので，森林管理放棄に近いシナリオとなる．生物多様性の予測に関わる要因は森林の成長のみ（面積の変化がない）となる．他のシナリオに対して対照となる．

シナリオ2＝国際競争：地域林業は国内需要のみならず海外需要にも対応するため，または木材の国内自給率が極めて高くなるため，人工林化が急速に進む．

シナリオ3＝経済調和：地域林業は活発に行われるが，持続可能な森林管理（SFM）が行われる．したがって，社会経済のみならず，環境への配慮もなされる．ただし中心は経済である．

シナリオ4＝地産地消：林業は行うが，より環境保全に特化し，広葉樹林化が盛んに行われる．

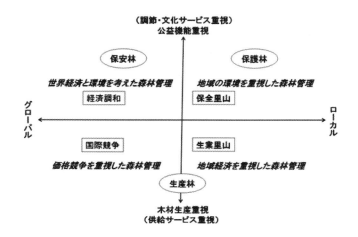

図1　森林管理シナリオ

シナリオ 5＝地域環境：人工林は利用されるが広葉樹林化が図られ，二次林は原生林への回復のために保全される．

これらのシナリオの中で生物多様性に大きな影響を与えるのは，伐採と伐採後の森林更新である．そこで森林管理については，以下の定量化を行った．

放置：すべての人工林が放置される．天然林も同様に放置される．生物多様性の変化要因は森林の成長のみとなる．

林業：人工林を積極的に利用する．人工林の伐採量は成長量分とし，対象地域（予測を行う地域）での通常の施業よりやや比率を高め，皆伐率は 50 %，択伐率は 50 %として，すべての材は収穫を目的とする．

広葉樹林化：対象地域（茨城県）の森林の構成は，現状人工林が全体の2/3，天然林が 1/3 であることから，人工林の 1/2 を広葉樹林化人工林とする（間伐および択抜施業を行い，施業後に補植は行わずに自然に二次林化を促す．したがって途中経過では針交混交林化し，最終的に広葉樹林となる）．これにより，対象地の森林構成は人工林，天然林，広葉樹林化人工林がそれぞれ 1/3 となる．本稿では，広葉樹林化人工林とは，人工林の樹木本数の 30 %を広葉樹へ置き換えた森林を指す．

林業生産においては，近年二酸化炭素吸収源や生物多様性保全のための森林の重要性がより深く理解され，認証制度などの環境保全型林業が主流化しつつある．シナリオ 3 の世界経済調和型の森林管理では，経済も重要視していることから，人工林の伐採量は比較的大きく設定した．一方で環境への配慮としては，生物多様性保全機能の高い天然林性の樹木の導入を図るため，伐採後の広葉樹林化を前提とした．また原生林の重要性を高く評価し，原生林を伐採しないこととすると共に，後述の回復二次林を期待して天然性の二次林も伐採しないこととした．これらと大きく対比するものとして，シナリオ 2 の国際競争型の森林管理では，木材生産と収穫に重点を置き，生産林を含む森林の持続性には一切配慮しない設定とした．これらシナリオ 2 と 3 は，木材の国際的な価格競争に大きく配慮することで木材自給率を高めるシナリオだが，シナリオ 4 と 5 は，より国内の地域に配慮した．シナリオ 5 の地域環境重視型森林管理では，木材供給は，現状同様に外国産材に頼らざるを得ないかもしれない．しかし，そのことにより，自国および地域の天然林率を大きく増加させることとなる．このことから，生物多様性保全との間にトレードオフが生じることが予想される．シナリオ 4 は，シナリオ 5 よりも生産を重視した地産地消の里山的な森林管理であるため，木材の国内自給率を上昇させる効果があると考える．また同時に，従来の里山的管理が復活するため，森林のアンダーユースによって個体数が著しく減少した種の個体群の回復が，期待される．このような検討を通して，日本の森林管理と生物多様性を考える上で，比較的汎用性の高いシナリオが示せたと考える．ただし地域によってこのシナリオの細部は異なるはずであり，以下に説明するローカルな生物多様性シミュレータのより有効な利用のために，それぞれの地域に応じたシナリオを細分化させてゆく必要がある．

（2）生物多様性シミュレータ

　茨城県北部での生物多様性調査の結果，植物や昆虫，土壌動物（節足動物），木材腐朽菌の多様性は，森林管理タイプ（人工林，天然林）と林齢や胸高直径などの林分構造によって，変化することが明らかとなっている（Inoue 2003; Makino et al. 2006, 2007; Hasegawa et al. 2009, 2013; Taki et al. 2010b, 2013; Yamashita et al. 2012）．森林管理タイプを天然林と人工林に二分すると，壮齢

林どうしを比べた場合に，そこに生息する生物群集の種組成が著しく異なることが分かった．壮齢〜老齢人工林のカミキリムシでは，出現する種が周辺の天然林に類似したが，その総数が減少することから，壮齢〜老齢天然林の劣化した状態と考えることができる（Makino et al. 2007）．しかし，10年未満のきわめて若い若齢林を比較すると，天然林でも人工林でも種数や種組成に大きな差がなかった．これは人工林でも下刈りによって草原〜若齢天然林に類似の植生や，林分構造が維持されるためと推測された．また茨城県北部では，キクイムシ類は1haを超える森林面積の増加に明確に反応しなかったが，鳥はパッチ状の広葉樹天然林面積が 1ha から 300ha に増加すると，種数が約2倍になると推測された（Yamaura et al. 2009b）．

さらに北海道下川町，高知県四万十川流域の林齢の異なる天然林と人工林でも

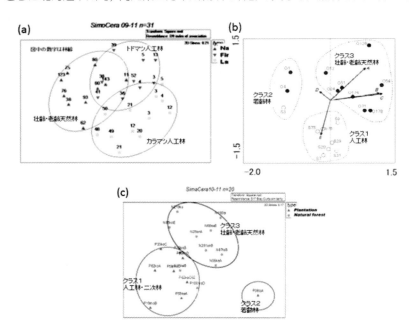

図2　森林タイプおよび林齢とカミキリムシ群集
(a)北海道下川町, (b)茨城県北部, (c)高知県四万十川流域

第7章　山の昆虫から農業への贈り物

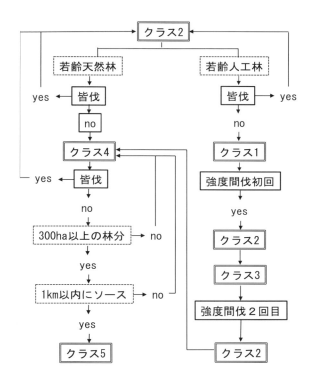

図3　茨城県の生物多様性保全機能予測モデル

生物調査を行ったところ，生物群集は森林タイプによってそれぞれ異なっていることが分かった（図2(a), (c)）．茨城県北部と四万十川流域では，カミキリをはじめとする生物群集は，3つの異なる群集多様性クラス：森林性生物の種の多様性が最も低い林分クラス（壮齢・老齢人工林；茨城ではクラス1，高知ではクラスA），種数は多いが森林性種が少ない林分をクラス（若齢林；茨城ではクラス2，高知ではクラスB），最も森林性種が多い林分クラス（壮齢・老齢天然林；茨城ではクラス4，高知ではクラスC）に分けられた（図2(b), (c)）．

これらのクラスは，各林分の生物多様性保全機能の定量評価とみなすことができることから，生物多様性保全機能予測モデル，すなわち生物多様性シミュレータにおける機能の違いを示すカテゴリーとして使用することとした．また茨城県

では，シナリオによって想定される森林管理による広葉樹林化林（人工林と天然林の針広混交林）は存在せず調査できなかったが，推測に足る十分な生物多様性情報が入手可能だったため，仮想のクラスとして広葉樹林化林をクラス3とした．加えて鳥の多様性情報に基づき，面積が300haを超える老齢天然林をクラス5とした．次に，クラスが変化する林齢を決定するために，森林の組成構造と関連する様々な変数（直径別樹木本数割合，最大樹高，胸高断面積合計など）の主成分分析を行った．その結果，林分構造は連続的に変化するものの，林齢20年未満（樹木密度も林分材積も少ない），20～45年（樹木密度が大きく林分バイオマス蓄積も増えはじめるが，階層は未分化），45年以上（蓄積が増えるが樹木密度は再び低下，階層化も進み大径木ないし中径木が増える）の3群に分類できることがわかった．そこで若齢林のクラス（クラス2）を20年未満として，それ以上を壮齢林とした．また老齢林にも明らかな林齢の定義がないが，調査地では178年が最も林齢の高い森林であり，50年程度の林分よりも群集構造が異なる傾向があったことから，100年以上を老齢天然林とした．

　北海道ではカミキリムシの種構成はカラマツ人工林，トドマツ人工林，天然林の間で異なっていた（図2(a)）．トドマツ人工林では壮齢林化すると種構成が天然林に類似したが，カラマツ人工林の場合はそうはならなかった．そこでさらに多変量回帰木により種構成と林分内の環境要因の関係を解析して，クラス1（20年生以下の幼齢，若齢林），クラス2（20年生以上のカラマツ人工林），クラス3

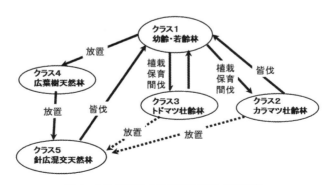

図4　生物多様性クラス間の推移（北海道）

(20年生以上のトドマツ人工林），クラス4（20年生以上の広葉樹天然林），クラス5（針広混交天然林）の5つの生物多様性クラスに分類した．

このような森林管理と生物多様性保全機能のクラスとの相互関係から，茨城県では図3に示す遷移応答モデルを構築し，生物多様性シミュレータとした．また北海道では，図4に示すモデルを構築した．本シミュレータでは，北海道では林齢が100年の時に広葉樹天然林から針広混交天然林へ移行すると仮定している．

(3) シミュレータによる予測

これらのシナリオとクラスによる分類を用いて，現地のGIS情報に基づき，現

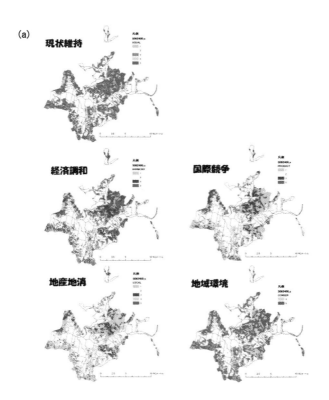

図5　生物多様性シミュレータによる100年後の生物多様性保全機能の予測．

在の生物多様性マップを作製した．さらにシナリオに基づき，Business as Usual である放置を含む 5 つのシナリオによって，生物多様性保全機能の将来を予測した．10 年ごとの変化を見たところ，皆伐以外には機能の大きな変化が見られず，80 年～100 年後にようやく変化を見て取れるようになった．そこで，北海道下川町，茨城県北部，高知県四万十川流域のそれぞれで，生物多様性シミュレータを用いた，シナリオに基づく 100 年後の生物多様性保全機能の予測を図示した（図 5）．

　北海道下川町の現状では，クラス 3 と 4 が 40 ％ずつであったが，現状の施業を継続する放置シナリオの場合にはクラス 5 が 80 ％に増加し，「地域環境」シナリオに近くなった．また「国際競争」シナリオでは，木材生産を重視するため天然林は人工林に転換された結果，クラス 1 が 50 ％，クラス 3 が 30 ％になり，クラ

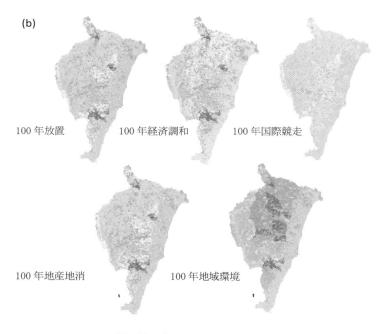

図 5(b)　各クラスは図 6 参照．

ス4は消失した．一方，「経済調和」シナリオでは，天然林はそのまま維持されてクラス5となり，人工林の伐採によりクラス1が20％に増加した．「地産地消」シナリオでは天然林でバイオマス生産が行われるため，クラス1が増加したが，クラス4も10％は維持された．また，「地域環境」シナリオでは人工林は天然林に転換されるためクラス1～3が消失し，クラス5が80％を占めた．各シナリオに基づく100年後の木材供給量は「国際競争」，「地産地消」，「経済調和」，「現状維持」，「地域環境」の順に多かった．

また茨城県北部では，100年間森林管理を放棄しても，生物多様性の分布は大きく変わらないことが予測された（図5(b)，図6）．一方，国際競争を重視して伐採率を上げ原生林をなくすことによって，生物多様性は低くなっていった．しかし地域環境を重視して，原生林を保全し二次林が原生林化するよう維持すると，100年後には明らかに現在よりも生物多様性が高いクラスの割合が増えた．

高知県四万十町では，「国際競争」シナリオの場合は，生物多様性クラスCはなくなったが，人工林は通常伐期（50

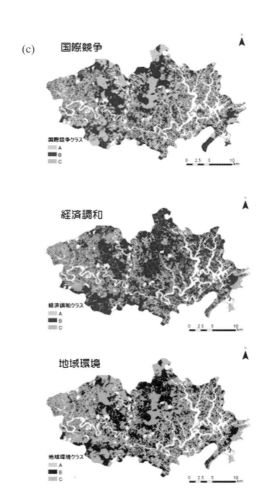

図5 (c)

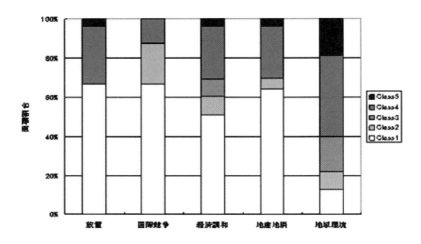

図6 茨城県北部の生物多様性シミュレータによる100年後の各クラスの森林の面積

年を想定）で伐採・再造林を繰り返すため，若齢林を示すクラスAが全体の40％，天然林壮齢林を示すクラスCが60％をそれぞれ占めるようになった（図5 (c)）．「経済調和」シナリオの場合は，人工林は長伐期（100年を想定）で伐採して木材生産するので，人工林面積の20％がクラスA，残りの80％がクラスBとなった．「地域環境」シナリオの場合は，木材生産は重視せず天然林は放置されたため，クラスAがなくなり，クラスCが現状に比べて大幅に増加した．これらのシナリオの中では，「経済調和」シナリオが最も高知県の現在の状況に近い状態だった．

　森林の生物群集は，森林性の生物と草原性の生物が様々な割合で混じりあっていることがわかる．このことから伐採という施業は，森林に強く依存する生物の生息地に大きな影響を与えることになる．通常定期的に実施される人工林の間伐では，樹冠がいったん解放されてから閉鎖するまでの時間が短いため，間伐によって一時的に昆虫などの素早く反応する生物の種の多様性が増加するものの，その好影響は長くは続かない（Taki et al. 2010a）．したがって草原性の性質を持った生物を保全したい場合は，森林が優占する景観では，流域レベルで小面積の

皆伐をすることの意義は大きいと考えられる. このような観点から森林管理を考えた場合, 本シナリオの定量化のように, 地域環境への配慮を「一切伐採を行わず, 天然老齢林のみの森林生態系を目指す施業」と位置付けてしまうと, 草原性の生態系や藪のような若齢林生態系がなくなり, このような生態系を好むチョウやハナバチ, 特定の鳥などの生息地が失われてしまうことになる. また「地域環境」シナリオでは, 木材の供給という経済効果は望めない. これに対して, 「経済調和」シナリオは現在の保安林によく似た管理である. 結果的に, 伐採を行いつつ, 天然林と人工林のバランスを追求する管理手法となっており, 100 年後も生物多様性保全機能として全く異なる重要性を持つ若齢林も, 老齢林も維持することが期待できることがわかった.

3. 生態系サービスの予測

　森林は多面的な機能を持っており, 森林の持続性を担保するだけでなく, 人間社会への恩恵, すなわち生態系サービスも提供している. たとえば水源涵養機能は, 森林の生物の成長や生存にも重要であるが, 私たちに正常な水を供給する供給サービスの 1 つでもある. 本研究で取り組んだ地域はいわゆる里山地域に位置することから, 生態系サービスとしても, 中山間地農業への貢献が期待される. そこで農業や農地に関連の深いサービスとして, 送粉サービス, 天敵サービス, 分解サービスを抽出して, 予測モデルを開発した. それぞれのサービスには数えきれないほど多くの生物がかかわっているが, ここでは研究上の制約から, 一部の生物群を指標生物として用い, 生物群の種多様性を生態系サービスの指標として, 定量化した. 予測には, 生物多様性シミュレータで用いた茨城県北茨城市小川学術参考林周辺の GIS 情報のほか, 過去の空中写真を用いてデジタル化し, 過去から現在, 将来の予測を行った.

　茨城県北部から福島県の南部を含む森林地帯 (約 10km 四方) で, 1962 年と 1997 年に同地域で撮影された空中写真から, 土地利用予測図を作成した. また 1997 年から 20 年後の土地利用予測図は, 森林の成長シナリオ (Business as usual) に基づいて予測し, 作成した. 20 年後には成熟して伐期に達した人工林は, 広葉樹林化され, 二次林は伐採されることなく, 徐々に老齢林化している. そ

れぞれの土地利用予測図における植生タイプに，Makino et al.（2006）に基づくハナバチ，寄生蜂，木材腐朽菌の種の多様性変化予測モデルによる予測結果をオーバーレイした（図7）．その結果，1962年の拡大造林期には，同地域ではまだ人工林化がさほど進んでおらず，若齢〜壮齢の天然林が多かったことがわかる．比較的若い林ではハナバチの種の多様性が高い傾向があるため，このころは送粉サービスの量が多かった．また寄生蜂による天敵サービスにも，同様の傾向が認められた．しかし拡大造林後の人工林の増加と，林業活動の停滞によって，1997年代にはこれらのサービスは減少したと考えられる．2017年には広葉樹林化によって，送粉，天敵サービスのサービス量はやや増加するものの，大きな改善は予想されなかった．これらに対して分解サービスは，1997年には人工林化の影響を受けて大幅に減少したものの，天然林による多様な樹種の成長によって，増加してくることが予想された．これらのことから，農作物の結実や害虫防除に直接か

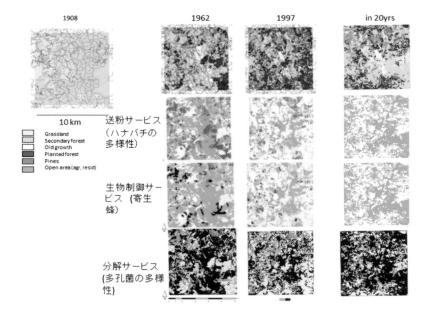

図7　茨城県小川学術参考林周辺の生態系サービス予測マップ

かわるサービスは，きわめてゆっくりとしか回復しないことが予想された．一方で物質循環は，比較的低下の度合いが小さく，また伐採がないことと広葉樹林化によって，回復も早いことが期待された．

4．おわりに

　生物多様性や生態系の長期的変化の社会情勢の変化シナリオに基づく予測は，必ずしも定量化データを利用していない（例：MEA　2010）．本研究で作成したシナリオは，世界的に汎用可能な経済と保全，およびグローバルなあるいは地域的な視点という2軸に基づく，4つの社会経済変化が森林管理に及ぼす影響をまず定量化した．このようなシナリオの定量化は，国の保全戦略や制度による影響をシミュレーションする際にも，利用可能と考えられる．また今回は森林について検討したが，草地などの情報を収集し解析することによって，より異質性の高いランドスケープにおける生物多様性分布予測が可能になると考える．予測結果に連続性を持たせることで，バックキャスティングによる，望ましくかつ現実的な森林管理が抽出可能になると考える．

　また本研究によって，異なる森林生態系を生物群集から分類することによって，持続可能な森林管理のためのモントリオールプロセスなどが用いる国レベルの生物多様性保全の指標（森林タイプ，林齢，森林面積）は，日本のローカルな森林管理の評価に適当であることがわかった（The Montréal Process 2016）．しかし，ローカルシミュレータを本研究とは異なる地域で作成する場合は，原生林に限らず，地域特有の生態系の出現に配慮が必要と考える．また予測を行う場合，ランドスケープ内に原生林がなくなっている場合には，原生林種の抽出と絶滅予測（分布拡大予測）を別途行うなど，様々な工夫が必要であると考える．茨城県北部の保残帯は既に保残帯となってから30−40年経過しているため，実生や稚樹は，周辺が伐採されてから更新したものと考えることができる．これらの組成と様々な要因とを比較すると，散布様式によって異なる反応を示すことがわかった（星野2012）．この地域の原生林は，100ha程度が近接することで，生物多様性の維持/増加に寄与すると予想された．したがって天然林の遷移そのものは，鳥の多様性に影響が明確になる300haほどの大面積ではなく，より小さな面積で隣接する植

生に配慮する方が，予測の精度が上がる可能性がある．今後生物多様性予測モデルにおいては，種子分散を加味するなど，森林の更新予測モデルを検討する必要があるだろう．

　生物多様性だけでなく，生態系サービスを定量化し予測することは，生物多様性保全のインセンティブとしても重要である．特に日本の中山間地は，農地と森林が隣接しており，森林の生物多様性の恩恵を受けやすい条件に恵まれているといえる．特に昆虫は種数も個体数も多い上，様々な機能をもっており，多くの生態系サービスを提供している．一方で，森林に近いことは，昆虫や鳥獣などによる農作物被害を受けやすことでもあった．今後は，生物多様性がもたらす恩恵と負の影響との間の関係性を明らかにし，森林だけでなく様々な生態系を含む予測モデルを構築し，望ましい生態系管理手法を開発してゆくことが望まれる．

謝　辞

　本稿作成に当たっては，井上大成，大河内勇，尾崎研一，後藤秀章，長谷川元洋，服部力，槇原寛，牧野俊一，宮本麻子，新山馨，佐野真，佐藤重穂，柴田銃江，田中浩（以上，森林総研），前藤薫（神戸大），中静透（東北大）（敬称略）らからデータの提供を受けた．

引用文献

Alcamo, J. 2008. Environmental Futures vol. 2: The Practice of Environmental Scenario Analysis. Elsevier, The Netherland. 212p.

Hasegawa, M., K. Fukuyama, S. Makino, I. Okochi, H. Tanaka, K. Okabe, H. Goto, T. Mizoguchi and T. Sakata 2009. Collembolan community in broad-leaved forests and in conifer stands of *Cryptomeria japonica* in Central Japan. Brazilian Journal of Agricultural Research 44: 891-890.

Hasegawa, M., K. Okabe, K. Fukuyama, S. Makino, I. Okochi, H. Tanaka, H. Goto, T. Mizoguchi and T. Sakata 2013. Community structures of Mesostigmata, Prostigmata and Oribatida in broad-leaved regeneration forests and conifer plantations of various ages. Exp Appl Acarol 59: 391-408.

星野彰太　2012. 保残帯は，生物多様性の表退を緩和するか．東北大学大学院生命科学研究科修士論文．

Inoue, T. 2003. Chronosequential change in a butterfly community after clear-cutting of deciduous forests in a cool temperate region of central Japan. Entomol Sci 6: 151-163.

Makino, S., H. Goto, T. Inoue, M. Sueyoshi, K. Okabe, M. Hasegawa, K. Hamaguchi, H. Tanaka and I. Okochi 2006. The Monitoring of Insects to Maintain Biodiversity in Ogawa Forest Reserve. Environ Monit Assess 120: 477-485.

Makino, S., H. Goto, M. Hasegawa, K. Okabe, H. Tanaka, T. Inoue and I. Okochi 2007. Degradation of longicorn beetle (Coleoptera, Cerambycidae, Disteniidae) fauna caused by conversion from broad-leaved to man-made conifer stands of *Cryptomeria japonica* (Taxodiaceae) in central Japan. Ecol Res 22. 372-381.

Myers, N., R.A. Mittermeier, C.G. Mittermeier, G.A.B. da Fonseca and J. Kent 2000. Biodiversity hotspots for conservation priorities. Nature 403: 853-858.

Tak,i H., Inoue, T. H. Tanaka, H. Makihara, M. Sueyoshi, M. Isono and K. Okabe 2010.a. Responses of community structure, diversity, and abundance of understory plants and insect assemblages to thinning in plantations. For Ecol Manag 259: 607-613.

Tak,i H., Y. Yamaura, I. Okochi, T. Inoue, K. Okabe and S. Makino 2010.b. Effects of reforestation age on moth assemblages in plantations and naturally regenerated forests. Insect Conserv Divers 3:257-265.

Tak,i H., I. Okochi, K. Okabe, T. Inoue, H. Goto, T. Matsumura and S. Makino 2013. Succession influences wild bees in a temperate forest landscape: value of early successional stages in natural regenerated and planted forests. PLOS ONE 8 : e56678

The Montréal Process 2016. http://www.montrealprocess.org/

Yamashita, S., T. Hattori, H. Tanaka 2012. Changes in community structure of wood-inhabiting aphyllophoraceous fungi after clear-cutting in a cool temperate zone of Japan: Planted conifer forest versus broad-leaved secondary forest. Forest Ecology and Management 283: 27-34.

Yamaura, Y., T. Amano, T. Koizumi, Y. Mitsuda, H. Taki, K. Okabe 2009a. Does land-use change affect biodiversity dynamics at a macroecological Scale? A case study of birds over the past 20 years in Japan. Anim. Conserv. 12: 110-119.

Yamaura, Y., S. Ikeno, M. Sano, K. Okabe, K. Ozaki 2009b. Bird responses to broad-leaved forest patch area in a plantation landscape across seasons. Biol Conser 142:2155-2165.

第8章
日本の自然環境・生物多様性と調和した林業のあり方

正木　隆
国立研究開発法人森林総合研究所

1.　持続可能な林業を生態学から考える

　本稿では大きく2つのクエスチョンを軸に，日本の林業を生態学的に考えてみたい．1つ目は，「なぜ日本の温帯域の樹木の多様性は欧米の温帯林を大きく上回るのだろうか？」という疑問である．これについて，日本の地史的・歴史的な背景と自然環境の面から知見を整理する．2つ目は，「生物多様性などの自然環境を保ちつつ，持続的に木材を生産する林業は可能なのだろうか？」という疑問である．いわゆる持続可能な林業の可能性を問うてみたい．

　以上の問いに対する答えを考えるため，以降でいくつかの事項についてこれまでの研究成果を整理しつつ，順を追って論を進めていこう．中でも，「森林の発達段階」という概念と，日本の森林植生におけるスギ・ヒノキの位置づけが重要である．

　なお，現在の日本の林業を考えるとき，シカ問題は避けて通れない課題ではある．しかし，これはまるでスフィンクスの謎かけのような難問であり，本稿のように限られたスペースの中で十分に考察すること自体が難しい．したがってシカ問題についてはあえて触れず，以下，話を展開していこうと思う．

2.　日本の樹木の多様性

　世界的にみて，日本の樹木の多様性はかなり高い．例えば，日本全体で約4000

図1 欧米と比べて多様性が極めて高い日本のカエデ類（Acer）．
「林田甫氏作成のHP『カエデともみじ』より引用」

種の植物が自生しているが（そのうち1000種以上が樹木），同じ島国のイギリスでは数百種の植物しか自生していない．このように，日本の樹木の多様性は非常に高い．もちろんこれは，北海道の北方林から南西諸島の亜熱帯林まで幅広い気候帯が含まれているためでもある．しかし，温帯域だけを取り上げても，日本の樹木種の多様性は欧米の温帯域を大きく上回っている．

　例えば，日本人に馴染みの深いサクラの仲間を考えてみると，日本の野生のサクラの仲間は10種ほどだが，欧州には2種，北米には3種しか野生のサクラ類は分布していないのである．もう一つ，日本人の愛するカエデの仲間もすごい．分類の基準にもよるが，少なくとも日本には30種以上の野生のカエデが分布している（図1）．しかし，イギリスの場合，自生する野生のカエデは1種のみである．なんという差であろうか．これだけサクラやカエデの種類が豊富であるからこそ，日本人は古来，花見や紅葉狩りを楽しんできたのではないか？そんな思いさえしてしまう．

> ## コラム：イギリス人が惚れ込んだ日本のカエデの多様性
>
> イギリスには王立の樹木園（Westonbirt Arboretum）がある。入場料を払えば誰でも入場して散策し，見学し，楽しむことができる。その名の通り王立ではあるのだが，運営は入場料収入で行なうことになっているそうな。ゆえに，この樹木園の幹部たちは知恵を絞った。どうすればより多くの人に来てもらえるだろうか？
>
> その答えの一つが，日本の多種多様なカエデを植栽し，紅葉で人々の目を楽しませることだった。思ったら即行動，とばかり，その樹木園の部長を務めるサイモン博士は，2008年に二人の部下を引き連れて日本にやってきた。来日の目的は，カエデの仲間（もちろんそれだけではなく他にもいろいろな樹木種）の種子を採取して持ち帰り，発芽させて苗とし，樹木園に植栽するためである。
>
> 何を隠そう，その時にサイモン部長を東京大学秩父演習林へとガイドしたのが筆者であった。秩父演習林の大血川林道の入り口まで車で連れていき，彼らとともに林道を歩き始め，それからわずか 100m。かくも短い距離の区間を歩いただけで，様々なカエデの仲間が次から次へと目の前に現れる。サイモンらは歓喜し，そして心から驚愕していた。「カエデのこの多様性は信じられない！」
>
> 彼らの持ち帰った種子は温室で苗へと育てられ，その一部は野外ですでに植栽され始めている。この樹木園の facebook ページでは，四季折々の樹木園の様子が紹介されている。もちろん，その中には日本からの樹木もある。興味のある読者は，以下のサイトを訪ねられたい。
>
> https://www.facebook.com/WestonbirtArb/

3. 生物多様性は世界的に減少しつつある

このように，樹木を含む日本の植物多様性は高いのだが，世界的には種の絶滅が急速に進んでおり，そのペースは衰える気配がない。今後数百年で動物種の 4 分の 3 が絶滅する，という予測すらある。

この深刻な問題を解決しようとしたのが 2002 年に採択された「生物多様性の損失速度を 2010 年までに顕著に減少」させる「2010 年目標」であった。しかし，この目標は達成されなかったため，2010 年に新たな世界目標「生物多様性戦略計画 2011–2020 及び愛知目標」が採択された。この目標について詳述することは本稿の目的ではないので，詳しい内容は他にゆずりたい。とにかくここでは，世界的に生物多様性の減少が続いており，日本も対策の責任を負っている，ということを強調したい。

日本の場合，半乾燥草原などが広く分布する大陸とは異なり，森林が主な植生である．現在の日本の国土の 66 ％は森林である．したがって，森林性の生物の多様性を保全していくことが，日本にとって大きな目標の一つとなる．さらに言えば日本は，世界に誇るべき国内の生物の多様性を守る義務がある，といってもよいかもしれない．

しかし，一方で人間は森林から物資を得ることで生きながらえている存在でもある．

後で詳しく述べるように，縄文時代後期から弥生時代に移行し，日本列島の人口が大きく増えた頃に日本の植生や生物多様性の中身が大きく変わった．人間が森林から得られる資材を大量に消費するようになったためと考えられる．弥生時代以降，日本の森林の植物多様性は，ある意味，本来のものとは異なる不自然な姿になっていると言えるのかもしれない．

4. 日本では森＝山である

人間の活動による森林の変質は，生物多様性の面だけではない．例えば，この数百年の出来事の中では，明治維新後に森林の伐採が急激に進み，それにともなって洪水が頻発した事例があげられる．4 つのプレートの境目に位置する日本列島は，隆起や噴火によって形成される山岳地形に特徴があり，森林もその上に成立している．この地形的な特徴も，ヨーロッパや北米などの他の温帯域とは大きく異なる点であろう．それ故に，明治以降の日本では，上流域に森林があることによる洪水の緩和や基底流量の確保など，森林のいわゆる公益的機能あるいは多面的機能が重視されてきた．日本の林野行政を特徴づける保安林制度の背景には，そういった歴史がある．

上述のとおり，日本の山岳地形は森林と密接につながっている．平野部の平坦地は耕作や居住用の場所として利用されてきたが，そうした土地利用に適さない山岳部は，古来，森林から物資を得る場所として利用されてきた．そのため，日本においては「山」と「森」はほとんど同義語として扱われている．人間の居住地周辺においてすら，森林として利用されている場所は「里山」とよばれている．決して「里森」とは言わない．

5. 日本に樹木の多様性をもたらす自然環境

　冷温帯域における日本ならではの特徴は，地形環境の他に多雨・多湿な環境が挙げられる．樹木が大きく育つ条件の1つは潤沢な水資源である．例えばジャイアントセコイアやレッドウッドなど，巨木からなる森林で有名な北米の西海岸も年間の降水量が非常に多い．樹木が高く成長するためには，土壌中の水分量や大気中の湿度が十分にあることが，必要不可欠な条件である．

　水資源は樹木に限らず，あらゆる植物が必要とするものである．農業の場合，降雨が少なければ耕作地に灌水を行ない，栽培対象の植物に水資源を安定的に供給することができる．しかし，林業の場合，山全体に水を撒くことなど現実的に

図2　ヨーロッパではアルプスが植物の移動の障壁となり多くの植物が最終氷期までに南下できずに絶滅した．現在もなお，植物の多様性は回復しきっていない．松井ほか（2011）を改変．

は不可能だろう．あくまでも，自然の水供給に依拠して木を育てることになる．その点では，日本は林業を行なうのに適した地域と言えるだろう．

しかし，雨の降り方は，同じ温帯域でも日本と欧米では大きく異なっている．日本の多くの地域では，降水量のほとんどが生育期に集中する．6～7月の梅雨はもちろんのこと，台風による降水も8～9月に集中する．一方，北米の西海岸では，年間の降雨が冬に集中する．夏は雨が少なく，空気は比較的サラッとしている．日本のようにジメッとはしていない．夏に雨が集中しないのはヨーロッパも同様である．例えば世界的に有名な林業地であるドイツの「黒い森」に最も近い都市のフライブルグの降水量は年間を通じて月100mmと安定している．気温が日本の札幌とあまり変わらないヨーロッパの都市も，夏の湿度は札幌よりも低い．

このように日本の気候は，気温の高い季節に水資源が豊富に利用できる状況を生み出している．そのため植物の成長にはたいへん好ましい．これが樹木を含む日本の植物の多様性が高いことの背景にあると考えられる．

6. 気候変動の中で保たれてきた生物多様性

さらに，気候条件だけではなく，地史的な背景も考えなければならない．最終氷期において，日本では植物の絶滅が少なかったが，例えばヨーロッパでは大量の種の絶滅が起こったことが知られている．

一般に植物は，気候が寒冷化すると種子散布等のプロセスを通じて南方向に分布をシフトして逃避地（レフュージア）で集団を維持し，気候が温暖化すれば分布を北方向に再びシフトする．しかしヨーロッパの場合，東西に伸びるアルプス山脈が植物の移動の障壁となった．アルプス以北ではかなりの数の植物種が最終氷期に絶滅してしまい，その南側に逃避できた種は限られた．そして，最終氷期以降の気候の温暖化に際しても，アルプス山脈が植物の北上の妨げとなり，ヨーロッパの植物の多様性は，いまだに回復しきっていない．北米もそれと似たような状況にある．

一方日本の場合，東西に延びる山脈が存在しないため，最終氷期の間も多様な植物がレフュージアで生き残っていた．そして最終氷期以降の温暖化にともない，それらの植物がすみやかに分布を拡大したと考えられている．冒頭に述べたよう

第8章 日本の自然環境・生物多様性と調和した林業のあり方 （ 137 ）

に，日本のカエデ類やサクラ類の種数が豊富なのも，長い地史的な歴史の中での絶滅リスクが低かったことを反映しているとみてよい．以上のような背景により，日本は同じ冷温帯の欧米と比べて植物の多様性が際立って高いのである．

　では次に，この日本の植物の多様性と林業という産業活動の関係について考えてみよう．視点としては大きく2つある．1つは，この高い生物多様性が日本の林業を停滞させる要因になっているということ．もう1つは，戦後，日本の森林面積が増えたにもかかわらず生物多様性が低下した矛盾の原因についてである．

7. 植物の高い多様性が日本の林業の足かせとなっている？

　日本の農業では，除草作業が不可欠である．耕作地を放っておくと多種多様な植物が繁茂し，目的とする作物の収量が下がってしまう．この状況は山で営む林業においても同様である．森林を伐採して木材を収穫した後は，何らかの手段で森林の再生をリスタートする．そして，森林が再生する初期の段階で，林業家もやはり多種多様な植物の繁茂に悩まされることとなる．日本の多雨・多湿な自然環境と植物の多様性がもたらす副作用である．

　農地の場合は薬剤によって植生の繁茂を抑制し，状況によっては手作業で除草することも不可能ではないだろう．しかし，山では，そのような作業は手間もかかり，また，薬剤散布に関しても下流の住民の理解が得にくいのでなかなか難しい．前述した「灌水が非現実的」であるのと似たような状況である．だからといって手をかけずに放置しておくと，樹木の成長以上に草本やツル植物が繁茂してしまう．

　しかも，自然に任せて放置していても，将来収穫対象となるような樹木が生えて育ってくることはほとんどない．産業としての現代林業では，なるべく質の揃った製品を安定的に生産することが求められる．それはつまり，なるべく単一の樹種を均等に育てることに他ならない．言い換えれば，今の時代は生物多様性を低めなければ，林業にならないのである．

　このように，日本が世界に誇る生物多様性が，意外にも（そして残念なことに）近代的な林業の成立の足かせになってしまっている．多様性の低いヨーロッパ（例えばドイツ）では，森林の中で林業目的にかなう樹種が自然に生えて育っ

てくる．しかも，その生育を妨げるような植生の繁茂もみられない．日本の状況は，これとはあまりに対照的である．

　こういった日本特有の事情の中で歴史的に培われてきたのが「植林」，すなわち「生産目標の木を植栽する」という行為なのだろう．森林の再生には，①植栽を行なう，②自然に生えてきた芽生えを育てる，あるいは③ドイツのように伐採前から存在していた自然の稚樹を育てる，の 3 方式があるが，日本の場合，結局「植林」に行き着いた．さらに，「下刈り」，すなわち「生産目標以外の樹種を刈り払う」行為も，歴史の中で確立してきたと考えられる．下刈りを行わない限り，日本の山では木を思い通りに育てることができない．

　しかし，このようにして森林の再生のスタートに手間暇（苗木の代金，苗木を植栽する人件費，そして最初の 5〜8 年間の下刈り等）をかける結果，莫大なコストを投入することとなる．例えば，植栽から最初の 10 年間に要する経費は全国平均でヘクタールあたり約 150 万円と見積もられている．これにシカ等による食害を防ぐ経費を計上すると，さらにコストがかかってしまう．

　このように，世界的にも恵まれた（恵まれすぎた）自然環境と生物多様性が日本の林業コストを押し上げているのは，何とも皮肉なことである．林業経営者は，このことにいつも頭を悩ませている．有効な解決策は未だに模索の最中である．

8. 山にひたすら木を植え続けた日本人

　日本は戦後，木材不足を解消するために，短期間にスギ，ヒノキ，カラマツ，トドマツなどの針葉樹を一斉に植林した．これは，「拡大造林」と呼ばれる国家的な事業であった．この営みにより，現在，日本の森林の約半分が針葉樹の人工林で占められるに至っている．筆者も山を歩くと，まぁよくぞこんな奥山まで木を植えたものだ，と感嘆することが多い．今から思うと，とても信じられないことである．筆者の想像だが，歴史の中で培ってきた「植林」という行為は，日本人の性に合っているのだろう．だからこそ，「ひたすら木を植える」行為が，遅滞なく短期間に日本の全域で一気に進んだのではないか，という気がしてならない．もちろん，当時は人件費が安く，コストの面で今とは比べ物にならなかったことだろう．

第8章 日本の自然環境・生物多様性と調和した林業のあり方 （ 139 ）

　いずれにせよ，この大事業により，日本の森林に賦存する木材資源は，有史以来まれに見る潤沢な状況となっている．統計情報によれば，日本の森林率は 66 ％と高いレベルを維持し，国全体での蓄積は 49 億 m³ に達しており，今もなお，毎年概ね 0.7〜0.9 億 m³ ずつ増加している．太田猛彦氏などは，この状況を「森林飽和」とよんでいるほどである．

　しかし，世間の声を聞くと，必ずしも好意的な反応ばかりではないようである．スギ人工林が増えたから斜面の崩壊が増えた，花粉症で苦しむ人が増えた，林床が真っ暗で鳥も住めない森ばかりになってしまったなど，増えた人工林に対して懐疑的な声もしばしば聞こえてくる．花粉症はその通りと言うしかない．しかし，それ以外のものには誤解も含まれているように思っている．例えば，斜面の崩壊については，そもそも地力の高い崩積土壌に人工林が植栽されているためもあるだろう．同様に生物多様性の低下についても，少々人工林を弁護してみたい．そのためにまず，森林の成長とさまざまな機能の変化に関する基本的なパターンを紹介する．

9.　人工林を発達段階の視点からとらえる

　概念的なモデルとして，同齢の個体ばかりからなる森林の構造は，林分成立段階，若齢段階，成熟段階，老齢段階の 4 つのステージを順に経て変化していくのが普通である．これは人工林も天然林も同様である．

　林分成立段階は個々の木が非常に若く，樹冠が互いに接する前の段階である．若齢段階は個体が樹冠を発達させたことで林冠が閉鎖するとともに個々の木が樹高をどんどん伸ばしている段階である．そして成熟段階は樹高の成長が落ち着き，林冠にも少し隙間が増えてくる段階である．最後の老齢段階は大径木の一部が病虫害や気象害などで枯死して局所的に明るい環境（林冠ギャップという）が生じ，倒木など粗大な生物遺体も見られるようになる段階である．ただし人工林の場合，木材生産を目的とする以上，老齢段階までは森林を育てずに，若齢段階か成熟段階で全面的にあるいは部分的に伐採されるのが普通である．

　森林の多面的機能も発達段階とともに変化する．人工林の場合，土壌の保全機能や生物の多様性は林分成立段階では高いが，若齢林へと発達段階が移行すると

写真1 左上：林齢約40年生のスギ人工林（群馬県），右上：林齢約110年生のヒノキ人工林（茨城県），左下：林齢約60年生のブナ二次林（岩手県），右下：成熟段階に達したブナ天然林（青森県）．

ともに著しく低下してしまうのである．若齢段階の林内は暗く，林床に植生はほとんどみられない（写真1左上）．若齢段階の人工林は，木が勢い良く成長している反面，さまざまな機能が低下してしまうステージなのである．しかし，若齢段階を過ぎて成熟段階に達すると林床の植生が発達し始め（写真1右上），さまざまな多面的機能が回復する．そして老齢段階に達する頃には元のレベルまで回復する．

ここで重要な点は，上述のような発達段階にともなう多面的機能の変化は，広葉樹林でも同じように見られることである．写真1（左下）は若齢段階のブナ林であるが，このように林床にはほとんど植生がみられない．しかし同じ地域の成熟段階のブナ林では，写真1（右下）のように，林床にさまざまな植物が生育している．森林の発達段階に関する基本的なプロセスは，人工林も天然林も同じなのである．

写真1左上の若いスギ人工林をみれば，「林床が真っ暗で鳥も住めない森ばかり

第8章　日本の自然環境・生物多様性と調和した林業のあり方　（141）

になってしまった」という人工林への批判はもっともだと思う．しかし，仮にこれがスギではなく広葉樹の植栽だったとしても，やはり同じように林床の植生が乏しくなってしまったことだろう．つまり，増えすぎた人工林に対する批判は，実は人工林そのものへの批判ではなく，若齢段階の林分に対する批判なのである．戦後の拡大造林は確かに「森林飽和」ともよばれる木材資源の充実をもたらしたが，一時的に若齢段階の森林を増やしすぎた，というアンバランスな状況を招いた点に問題があったといえる．

　これから日本の人工林は成熟段階に移行していく．さまざまな多面的機能も全体的に回復し始めることだろう．花粉症など深刻な問題は残るものの，生物多様性の保全や水源涵養・土砂流出防止は，今後は人工林でもある程度期待できるようになっていくものと予想している．

10．スギやヒノキは不自然なのだろうか？

　この他に聞こえてくる人工林への批判として，スギやヒノキという不自然な樹種が山に増えたことである，というものがある．

　しかし，はたして本当にスギやヒノキは不自然なのだろうか？

　法隆寺，薬師寺，東大寺の大規模な建築物をみれば，日本には本来，スギやヒノキの大径木が生育していたはずである．いくつかある埋没林の様子からも，そのことが推察される．世界自然遺産のブナ林で有名な白神山地ですら，江戸時代の絵図をみると当時は針葉樹（おそらくスギ，ヒバ，ネズコなど）が混交していたらしい．

　花粉分析による最近の研究によると日本では，最終氷期にはマツ科樹木が主体となっていた植生が，その後の気候の温暖化にともない広葉樹主体の森林を経てスギ・ヒノキ・コウヤマキ等の針葉樹が主体の森林へと変化していったことが明らかになっている．そして今から約3000年前，縄文時代から弥生時代に移行する時期に，一気にアカマツ等を主体とする森林に変化したことも示されている．つまり，人間が森林を資源として利用し始めたこと，あるいは森林を農地へと改変し始めたことによって，最終氷期以降の日本の本来の植生である「スギ・ヒノキを主体とする混交林」が失われ，二次的な植生へと変化してしまったのである．

写真2 落葉広葉樹林の下で人間の目を楽しませる春植物. 左から順に, ニリンソウ, キクザキイチゲ, カタクリ (北茨城)

このことを踏まえると, スギ・ヒノキの森林を増やすこと自体は, この日本においては決して不自然なものではない. むしろ, 拡大造林は日本の植生を本来の姿に戻すプロジェクトだったとも言えるのではないだろうか.

少々余談めくが, 理論としてはスギ・ヒノキ人工林が不自然な植生ではないことがわかったとしても, 一方で感覚的に納得できない人々も多いかもしれない. その気持ちも, なんとなく理解できる. 例えば, 落葉広葉樹林の下に生えて人間の目を楽しませる春植物 (写真2), 生育に開放的な環境を必要とし人間を魅了する動物 (例えばイヌワシ) など, 日本人が好む生物は, 本来のスギ・ヒノキの巨木を主体とする森林との相性が悪いのである. なぜ春植物等を人間が本能的に好ましく思うのか, その理由はわからない. とにかく, 人間は自ら創出する二次的な自然に生育する動植物がなぜか好きなのである. このことも, 拡大造林によるスギ・ヒノキ人工林 (それも林床が暗い若齢段階の状態) の増加を懸念する声につながったのかもしれない. 多分に情緒的なものではあるが, 決して無視できない自然の価値の一面ではあろう.

11. 生物多様性の保全と人工林による林業の両立

　以上述べてきたことを前提に，生物多様性の保全と人工林を主体とした林業の両立について考えてみたい．

　もちろん，前提としては地帯区分が基本である．あるエリアは人工林として木材を生産する場，あるエリアは森林の伐採を規制して水源涵養や土砂流出防止の役割を発揮させ，またあるエリアは保護林として広葉樹林の生物多様性を保全する，というように，エリアごとに役割を設定することで，生物多様性と林業の両立を図ることができるだろう．実際，現在の日本の森林計画制度は，この考え方が根底にある．

　しかし，保護林の面積は，全森林面積の約4％にすぎない．筆者としては，木材生産のための人工林でも，ある程度，生物多様性の保全を図る方がよいと考えている．そのためには，人工林の一部を生物多様性の高い林分成立段階や成熟段階後期へと移行させることが必要となる．ただし，この2つの発達段階は質の面で大きく異なる．林分成立段階で生物多様性が高いのは，開放的な環境を好む生物の生息地となるからである．一方，成熟段階後期以降で生物多様性が高いのは，成層の発達・倒木の出現など，森林の構造が複雑になることによって多様な生物の棲み場所が形成されるためである．したがって，一口に生物多様性が高いといっても，その内容は両段階の間でまったく異なると言ってよい．林分成立段階と成熟段階（後期）の両方が必要なのである．

　とはいえ，現在の人工林の伐採面積を増やして林分成立段階へと移行させることには，慎重であるべきだろう．まず，一度林分成立段階に戻してしまうと，成熟段階（後期）となるのに長い時間がかかる．したがって，林分成立段階を作りすぎてしまうと，それはそれでバランスの悪い状態が長く続いてしまうことになる．それに，明治初期の森林の伐りすぎによる洪水被害や渇水被害の発生に人々が苦しめられたことを思えば，林分成立段階の森林を増やすことには慎重であるべきである．筆者はむしろ，現在の日本の森林の問題点は，老齢林が少なすぎることにあると考えている．

12. 成長・収穫からみた人工林の伐り時

さらに，木材生産の視点から考えると，拡大造林によって作られた人工林を今伐採して収穫すると，地力が減退する危険性が高い．残念ながら定量的・科学的なデータはないが，林齢 40〜50 年（若齢段階後期に該当する）で人工林を伐採すると，その後に植えた人工林の成長が低下することが経験的に知られている．さらに経験論になるが，植栽から 100〜150 年経過すれば生態系外からの栄養塩類の移入によって地力が回復するので，その時点で伐採・収穫するとその次に植えた人工林も普通に成長すると言われている．また，以前は林齢 50〜60 年を過ぎると人工林の成長が低下し始めていると言われていたが，最近のデータから成長は意外と持続することもわかってきている．木材生産の「量」的な面でも，人工林は成熟段階に十分達するまで育てる方がよい．もちろん，収穫まで時間をかけることによる気象害や病害のリスクは考えなければならないが．

コスト面や作業効率の面でも，人工林を長く育てることにはメリットがある．例えば森林の収穫・植林を 50 年間隔で繰り返す場合と 100 年の間隔で繰り返す場合を比べれば，後者の作業コストは単純に半分に減ることとなる．また一本一本の木が太くなることで，一本の木を伐採・搬出する動作で収穫できる材積が増え，作業の生産性も向上する．

13. 自然撹乱のパターンを模倣する

上記の考え方をベースに人工林を成熟段階以降まで育てて収穫するとしよう．ではその時に，どのくらいの面積で伐採すればよいのだろうか．これについては，自然に起こりうる森林破壊（これを自然撹乱体制という）のパターンを模倣するとよいだろう．

日本では森林が植生の主役となっていることから，大規模な面積の自然撹乱の頻度は低いと考えられる（逆に小規模な面積の自然撹乱の頻度は相対的に高いだろう）．そうでなければ，森林が成立するはずがないからである．この考え方にもとづいて日本における自然撹乱体制の規模と時間間隔を整理したのが図 3 である．この図から，面積が数 ha 規模の撹乱はおおむね 100 年以上の間隔，1000m²

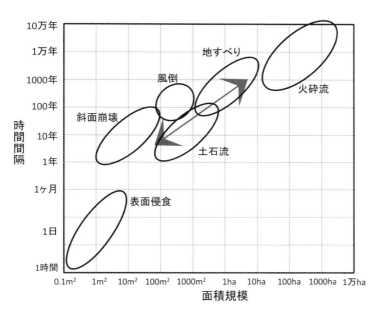

図3 日本の自然環境下での自然撹乱体制のパターン．伊藤（2011）を改変．

程度の規模の撹乱はおおむね50年の間隔で起こっていることが見て取れる．日本の森林はこのパターンの中で破壊と再生を自然に繰り返してきたわけであり，また，生物多様性もこのプロセスの中で培われてきたといえる．したがって，これと同じような面積・伐採間隔であれば，生物多様性への影響を最小限に抑えることができるのではないか，と考えている．

　もちろん，生物多様性だけではなく，地形の急峻さやそれにともなう地表面の撹乱や土砂の移動も，考慮に入れる必要がある．土砂流出等のリスクが高い場所で皆伐による林業を行なう場合には，伐採面積を狭くする，あるいは単木レベルでの伐採に限定するなどの配慮が求められるだろう．

14. 林業は自然の摂理の範囲内で行なう産業である

　以上論じてきたことを振り返ると，林業を持続可能な形で行なうためには，日本の自然環境と生物多様性を緻密に計算に入れつつ展開していく必要のあること

が見えてくる．つまり，林業の特徴を自然科学の視点から考えた時，林業とはありのままの自然環境の中で行なう産業である，という点が重要である．

　林業と同様に陸域生態系で展開される農業では，土壌の改良や地形の改変は当たり前に行われている．しかし林業は，ありのままの自然環境の中で樹木を育て，収穫する．人が育てた樹木だけではなく，そこに自然に生えていた樹木をありがたく収穫することもある．日本の場合，林業が営まれる場所は前述のとおり「山」である．林業家にとって「山」とは，林業を行なう場である．既に述べたとおり，産業としてではなく日常生活用に木質資源を採集する場所も「里山」と呼ばれる．

　「山」で営まれる林業には，農業と異なる面が多々見られる．例えば，農業では施肥を行なうのが普通であるが，林業では施肥は行わない（もちろん灌水も同様）．かつて，林地肥培が研究対象となったことはあるが，その効果は持続しないことが明らかとなっている．林業では施肥を行なう替りに，土壌環境・地形環境をみながら，育てる樹種やその育て方を変える方法をとる．人間が自然環境を変えるのではなく，自然環境にあわせて人間の側がアクションを変える．それが林業である．かつ，その中で，生物多様性も，森林の多面的機能も保たなければならない．また，100 年先の姿をイメージしつつ，木を植え，間伐を行なっていく．

　こう考えれば，林業という産業は，実は相当に知恵を使わないとできない営みだということがみえてくる．

15. 樹木の多様性を活かす林業は可能か？

　日本の高い生物多様性が，皮肉なことに林業の足を引っ張っていることはすでに述べたとおりである．なんとか，この多様性を逆手に取って利用することはできないものだろうか？

　日本の林業は，残念ながら今のところ国内の樹木の多様さを現代的な産業の枠組みの中で活かしきっていない．独自の工夫で多様な広葉樹材を生産・販売している経営者もいるが，林業・木材産業全体が活気づくような力強さはない．筆者は森林生態学と造林学の研究者であり，経営については多くを語れる立場にない．それでもあえて書かせていただけば，電機メーカーの経営戦略と同様に，汎用的で安く供給できる製品と戦略的で付加価値の高い製品をうまく組合せる必要があ

るだろうと思う．前者は例えば 4m の並材であり，後者は例えば希少ゆえに単価の高い広葉樹材である．多様性を活かすことで，意外と弾力的で安定した林業経営が可能ではないか，という淡い期待がある．多様な樹木の適材適所を見つける家づくりも不可能ではないし，楽しいものである．また最近は，かつては用材として見向きもされなかった樹種が，技術開発の結果，新たな用途や価値が与えられ，高値で販売されるようになった例もある．日本の樹木の多様性を林業に活かす試みは，今後取り組むべき重要な課題であり，そして重要なだけではなく楽しくて心の躍る研究課題だと考えている．

　ただし，これまでの日本の林業が樹木の多様性を活かしてこなかったことには，合理的な理由があっただろう．スギやヒノキは苗を作って植えさえすれば，とりあえずどのような土壌でもそれなりに育つ性質を持っている．一方の広葉樹は，土壌環境の僅かな差にかなり敏感に反応する．つまり，スギやヒノキは広葉樹よりもはるかに育てやすいのである．日本でスギやヒノキが林業の中心となっているのは，ある意味必然的とも言える．さらに，スギやヒノキは建築材として使いやすかったこともあるだろう．スギやヒノキの丸太は，「割る」という原始的な方法で加工することができる．

　このような，かつて存在したスギやヒノキの原生林は純林ではなく，多様な広葉樹が混交する状態だったと考えられる．寿命の長いスギやヒノキは長い時間をかけて育て，その隙間の空間でスギ・ヒノキよりも寿命の短い広葉樹を育てて，短サイクルで収穫する，というような日本ならではの高い生物多様性を活かした森の育て方，伐り方もあるだろう．日本の林業は，こういった工夫をもっと試してみてもよいのではないだろうか．

16.　自然力を利用する天然更新・・・
やがて野となるが山とはならない？

　多様性を活かす林業は，植栽だけでは実現することが難しい．前述のとおり，植栽という行為は基本的に多様性を低めるために行なっているからである．そこで，自然に生えてくる多様な芽生えを活かすこと，つまり天然更新がどうしても必要になる．明治以来，日本が近代的な林業の手本としているドイツでは，天然

更新（自然に生えてきた樹木を育てて森林を仕立てる方法）が盛んである. 植えなくていい！？手間を省ける！？これは, 林業家にとって真に魅力的なことであり, 今も昔も天然更新は林業家のあこがれである. 日本ならではの生物多様性を活かす林業を発展させるためにも, 天然更新が可能であればたいへん有利である.

しかし, この天然更新は日本では実に難しい. 日本では天然更新技術の開発を目的とした大規模かつ緻密な野外試験が行われてきたが, 筆者がそのデータを分析した結果, 天然更新は非常に限られた条件でなければうまくいかないことが明らかになった. 具体的には, 皆伐（一定面積の森林の樹木をすべて伐採すること）を前提とした場合, 広葉樹の稚樹が自然に 5〜10 万本/ha は生えてこないと更新は成功しないことが示された（この数値は希望的観測に基づく従来の基準をはるかに上回っている）. そうでなければ, 草本やツルの勢いが生えてきた樹木の勢いを上回って繁茂し, 天然更新はスタックしてしまうのである.

もちろん日本の自然環境では森林を伐採すると, いつかは森林に戻っていく. しかし「定期的に収穫する」という林業経営の観点からは, 気の遠くなるような時間スケールと言わざるをえない. 伐採して放っておくと「野」にはなるかもしれないが, なかなか「山」にはならないのである. 当面は, あくまでもスギやヒノキを中心に林業を展開しながらその中で生物多様性を保全し, その上で森林を持続的に活用する方法を工夫し, 考え出していくことが必要だと思う.

17. 林業技術の研究はこれからが面白い

林業技術の研究の歴史はまだ短い. 明治以来, 150 年の研究の積み重ねがあるとはいえ, スギやヒノキなど主要な樹種の研究ばかりであり, 日本ならではの植物の多様性を真正面から見据えた林業の研究はほとんど手付かずである.

また, 数百年から千年に及ぶ樹木の寿命を考えると, 森林という生命体の全容自体がまったく解明されていないと言ってよい. ましてや, 1000 種類以上の日本の樹木の多様性を考えると気が遠くなるような思いもする. しかし, さまざまな樹種のまだ知られていないさまざまな利用法の発見や開発, 多様性の保全を可能とする持続的な林業の展開など, 日本の植物の多様性を活かした林業技術の研究はこれからますます面白くなっていくだろう. 筆者はそう考えている.

第8章　日本の自然環境・生物多様性と調和した林業のあり方　　（ 149 ）

主な参考文献

藤森隆郎．1997．日本のあるべき森林像からみた「1千万ヘクタールの人工林」．森林科学
　19: 2–8

本多静六．森林と樹木と動物 Kindle 版（2015年作成）：底本は「山の科学」復刻版日本児
　童文庫，名著普及会，1982年発行．その親本は「山の科學」日本兒童文庫，アルス，1927
　年発行）

伊藤哲．2011．森林の成立と撹乱体制．正木隆・相場慎一郎（編），「森林生態学」，pp. 38–54,
　共立出版

正木隆・佐藤保・杉田久志・田中信行・八木橋勉・小川みふゆ・田内裕之・田中浩．2012．
　広葉樹の天然更新完了基準に関する一考察 ―苗場山ブナ天然更新試験地のデータから―．
　日本森林学会誌　94:17–2

松井哲哉・北村系子・志知幸治．2011．森林の分布と気候変動．正木隆・相場慎一郎（編），
　「森林生態学」，pp.21–37，共立出版

森麻須夫・大住克博．1991．秋田地方における高齢級カラマツ林の成長．森林総合研究所研
　究報告　361:1–15.

Schulze, E.D. et al. 2009. Temperate and Boreal Old-Growth Forests: How do their
　Growth Dynamics and Biodiversity Differ from Young Stands and Managed Forests?
　In: Wirth, C. et al. (eds.) "Old-Growth Forests: Function, Fate and Value", pp 343–366.
　Springer.

高原光・村上哲明．2011．「環境史をとらえる技法」．シリーズ 日本列島の三万五千年──
　人と自然の環境史第6巻．文一総合出版

あとがき（山の日）

會田勝美
日本農学会副会長

2016 年 8 月に山の日が制定された．これにちなんで日本農学会では「山の農学―「山の日」から考える」と題してシンポジウムを行った．講演を引き受けられ，原稿をお書きいただいた先生方と関連学会に感謝したい．講演内容の詳細については，ぜひ本書をお読みいただきたい．

高校から山岳部に入った私としては「山の日」の制定はうれしい限りだった．特に，大学は北大か，京大の山岳部に行きたいと思っていたのだが，若くして父親に先立たれたこともあり母親に東京にいてほしいと，頼まれたことから一浪して東京に残った．最初の演者の杉山先生からいただいた本を読み京大の学士山岳会の設立の経緯も分かった．またヒマラヤ遠征の記録も分かった．素晴らしい．

高校入学時，山岳部に入ったのは丁度同じ中学出身の一年先輩が山岳部にいたので，その影響かも知れない．遅刻に厳しい学校だったので，日暮里回りで京浜東北線で北上していた先輩はよく遅刻をしたので，川口まで西に自転車で走ると，寝坊をしても遅刻をしない新たな通学路を開拓していた．バスも走っていたのだが，来ないときもあった．特に始発はそうだった．当然，草加市に住んでいた私もその道の，少し西の川口寄りに住んでいたを先輩を起こして一緒に通った．雨の日も風の日も自転車で通った．特に冬の雨の日はきつかった．北西の季節風と雨に逆らって自転車をこいだ．10 分もすると身体が暑くなるのが初めて分かった．この間，実用自転車を 2 台乗りつぶした．

当時は，砂利道だったのでよく自転車はパンクした．その時は近所の農家に自

転車を預けて遅刻してもバスで学校に行った．帰りに自転車を引っ張り自宅に帰らざるを得なかった．特に練習後はお腹もすいていて大変だった．自転車屋に理由を言ってすぐに修理してもらい，翌朝にはまた同じ自転車で学校に行った．

　そして放課後は山行きのトレーニングで走ったり，膝の屈伸を1,000回したり，ザックに石をつめて通信制の高校の階段の上り下りをしていたので，腿が太くなり，新しくズボンを買う時は，腰が入っても腿が入らなかった．今思えば懐かしい．我々の山岳フィールドは南アルプスで，特に危険ではなかったが，走破するには体力が必要だった．合宿まえにはよく奥多摩の石尾根を夜を徹して登って訓練した．これは新入生には効果的であった．

　大学に入学した時，スキー山岳部に入らないかと誘ってきた1年先輩がいた．そこに入ると必ず死ぬと思って，ワンゲル部に入ったが，生ぬるくて1年で辞めた．当時の同級生は4年間在籍したが，その後冬山で雪崩にあい亡くなった．

　スキー山岳部に誘った先輩は留年して，農学部の水産学科で新入生として出会った．

　彼は大学院は海洋研の微生物の研究室に入り博士取得後広島大の教員になった．この間，ヒマラヤにも遠征した．とても憔悴して戻ってきた．その時ヒマラヤはすごいところだと分かった．どうも海と山は両立するらしい．どちらにも浪漫があるからか．

　私はシンポジウムのプレゼンを楽しんだ．まるで若かりし日を思い出すように．

著者プロフィール

敬称略・五十音順

【會田　勝美（あいだ　かつみ）】
　東京大学大学院農学系研究科博士課程修了．農学博士．東京大学農学部助教授，教授を経て，2003 年 東京大学大学院農学生命科学研究科長，農学部長．2011 年 (独)日本学術振興会監事．東大名誉教授．専門分野は水産学．

【安部　直重（あべ　なおしげ）】
　東北大学大学院農学研究科 博士課程後期単位取得退学 博士（農学）．ドイツ連邦共和国 Koeln 大学留学．玉川大学農学部 助手，助教授を経て，同大学教授．2016 年 3 月定年により退職．専門分野は家畜行動学，ヒトと動物の関係学．

【岡部　貴美子（おかべ　きみこ）】
　千葉大学卒，博士（学術）．国立研究開発法人森林総合研究所勤務（生物多様性研究拠点長），千葉大学園芸学部客員教授．専門分野は昆虫生態学，ダニ類の生態学および分類学．

【岡本　透（おかもと　とおる）】
　東京都立大学大学院理学研究科修士課程修了．森林総合研究所，同東北支所，同木曽試験地などを経て，現在は森林総合研究所関西支所チーム長（森林土壌資源担当）．専門分野は森林科学．

（154）

【九鬼　康彰（くき　やすあき）】

　京都大学大学院農学研究科修士課程修了．京都大学博士（農学）．京都大学大学院農学研究科助手，ウエストミンスター大学客員研究員等を経て，2012 年 12 月より岡山大学大学院環境生命科学研究科准教授．専門分野は農村計画学，農業土木学．

【杉山　茂（すぎやま　しげる）】

　京都大学山岳部卒部．京都大学大学院文学研究科博士後期課程現代史専攻単位取得退学．カリフォルニア大学サンタ・バーバラ校大学院歴史学研究科博士課程学位取得(Ph.D.)修了（米国対メキシコ政策）．現在，静岡大学情報学部准教授，日本女子大学非常勤講師，京都大学霊長類学ワイルドライフサイエンス・リーディング大学院特任准教授．

【竹田　晋也（たけだ　しんや）】

　京都大学大学院農学研究科博士課程単位取得退学．京都大学農学博士．京都大学農学部講師などを経て，現在は京都大学大学院アジア・アフリカ地域研究研究科教授．専門分野は，東南アジア地域研究，森林科学．

【中山　祐一郎（なかやま　ゆういちろう）】

　京都大学大学院農学研究科博士後期課程修了．博士（農学）．同志社国際高等学校非常勤講師，日本学術振興会特別研究員，大阪府立大学農学部助手，大阪府立大学大学院生命環境科学研究科助教，大阪府立大学現代システム科学域准教授を経て，現在，大阪府立大学大学院人現社会システム科学研究科准教授．専門分野は雑草生物学，環境学．

【正木　隆（まさき　たかし）】

　1993 年 3 月に東京大学大学院農学系研究科博士課程を修了．同年 4 月に森林総合研究所に就職し現在に至る．途中 2 年間，農林水産省農林水産技術会議事務局を併任．東北支所主任研究員，森林植生研究領域群落動態研究室長を経て，現

在は森林植生研究領域長．専門分野は造林学，森林生態学．

【三輪　睿太郎（みわ　えいたろう)】
　東京大学農学部卒業．農業技術研究所，農業環境技術研究所を経て 1997 年農林水産技術会議事務局長, 2001 年（独）農業技術研究機構理事長, 2006 年東京農業大学総合研究所教授．2007 年〜2015 年　農林水産省農林水産技術会議会長．専門分野は土壌肥料学．

【山本　清龍（やまもと　きよたつ）】
　東京大学大学院農学生命科学研究科森林科学専攻修士課程修了．同博士課程中途退学．東京大学農学部助教を経て 2011 年より岩手大学農学部准教授．東京大学博士（農）．専門分野は公園計画（造園学）と旅行者の行動と心理（観光学）．

®〈学術著作権協会委託〉

2017

シリーズ21世紀の農学
山の農学
「山の日」から考える

著者との申
し合せによ
り検印省略

©著作権所有

定価（本体1852円＋税）

2017年4月5日　第1版第1刷発行

編 著 者　日 本 農 学 会

発 行 者　株式会社　養 賢 堂
　　　　　　代 表 者　及 川　清

印 刷 者　株式会社　丸井工文社
　　　　　　責 任 者　今井晋太郎

〒113-0033 東京都文京区本郷5丁目30番15号

発 行 所　株式
　　　　　会社養賢堂

TEL 東京 (03) 3814-0911 振替00120
FAX 東京 (03) 3812-2615 7-25700
URL http://www.yokendo.com/

ISBN978-4-8425-0555-8　C3061

PRINTED IN JAPAN　　　製本所　株式会社丸井工文社
本書の無断複写は、著作権法上での例外を除き、禁じられています。
本書からの複写許諾は、学術著作権協会（〒107-0052 東京都港区赤
坂9-6-41 乃木坂ビル、電話03-3475-5618・ＦＡＸ03-3475-5619）
から得てください。